高等学校数字素养与
技能型人才培养精品系列

AIGC
通识教程

|微课版|

赵建勇 周苏 李眉博 ● 主编

INTRODUCTION
TO AIGC

人民邮电出版社
北京

图书在版编目（CIP）数据

AIGC 通识教程：微课版 / 赵建勇，周苏，李眉博主编. -- 北京：人民邮电出版社，2025. --（高等学校数字素养与技能型人才培养精品系列）. -- ISBN 978-7-115-65638-4

Ⅰ．TP18

中国国家版本馆 CIP 数据核字第 2024XA4387 号

内 容 提 要

本书针对各专业学生的人工智能通识教育需求，系统、全面地介绍关于 AIGC 技术与应用的基本知识和技能，详细介绍人工智能基础、什么是 LLM、熟悉 AIGC、AIGC 与智能体、提示工程与技巧、AIGC 赋能工作、AIGC 助力学习、AIGC 拓展设计、AIGC 丰富生活、AIGC 增色艺术、AIGC 伦理与限制、面向 AGI 等内容，具有较强的系统性、可读性和实用性。

本书可作为高等院校各专业人工智能通识类课程的教材，也可供对人工智能、AIGC 感兴趣的人员阅读。

◆ 主　编　赵建勇　周　苏　李眉博
　　责任编辑　刘　博
　　责任印制　陈　犇

◆ 人民邮电出版社出版发行　　北京市丰台区成寿寺路 11 号
　　邮编　100164　电子邮件　315@ptpress.com.cn
　　网址　https://www.ptpress.com.cn
　　三河市兴达印务有限公司印刷

◆ 开本：787×1092　1/16
　　印张：12.5　　　　　　　　　　　2025 年 1 月第 1 版
　　字数：326 千字　　　　　　　　　2025 年 3 月河北第 3 次印刷

定价：49.80 元

读者服务热线：(010)81055256　印装质量热线：(010)81055316
反盗版热线：(010)81055315

前　　言

AIGC，即人工智能生成内容（Artificial Intelligence Generated Content），它代表了人工智能从 1.0 时代到 2.0 时代的重大转变。AIGC 是一系列先进技术的累积与融合，这些技术包括但不限于生成对抗网络、CLIP 模型、Transformer 架构、扩散模型、预训练模型以及多模态技术等，它们共同推动人工智能生成内容的能力实现了爆发式增长。

AIGC 的核心在于算法的持续迭代与创新，尤其是预训练模型的发展，为内容生成带来了质的飞跃。它使得人工智能系统能够通过对单一大规模数据集的学习，掌握跨领域的知识，并且只需进行微调即可应用于多种实际场景。这体现了从计算智能、感知智能到认知智能的演进，为开启认知智能的新纪元奠定了基础。

AIGC 应用极为广泛，它能够生成文本、图像、音频、视频等多种类型的内容，显著提高了内容生产的效率和多样性。它的意义在于以下几个方面。

（1）改变生产力工具：短期之内，AIGC 作为基础生产力工具，能加速内容创作过程。

（2）重塑生产关系：中期来看，AIGC 将改变内容创作和分发的社会生产关系，涉及版权、创作者角色等。

（3）推动生产力变革：长期而言，AIGC 可能导致整个社会生产力结构发生根本性变化，并促进数字经济深入发展。

此外，AIGC 强调数据作为核心资源的地位，加速了社会的数字化转型。通过将数据要素置于战略高度，AIGC 促进了数据价值的极大提升，并鼓励对数据的有效管理和利用。简而言之，AIGC 不仅是技术上的突破，更是对内容产业乃至整个社会运作模式的一次深刻革命。因此，学习 AIGC 变得日益重要，它不仅能够帮助个人和组织在人工智能时代保持竞争力，还能激发前所未有的创造力，探索技术与艺术、商业无限融合的可能。

AIGC 相关课程的知识性和应用性都很强。本书针对各专业学生的人工智能通识教育需求，系统、全面地介绍关于 AIGC 技术的基础知识与实际应用，从人工智能基础、大语言模型，逐步深入到 AIGC 各方面的应用，具有较强的系统性、可读性和实用性。

本书的主要特色如下。

（1）内容全面，通俗易懂。本书覆盖与 AIGC 相关的众多知识点，内容深入浅出，案例丰富生动，并且与各行各业密切结合，十分适合各专业读者了解和学习 AIGC 相关知识。

（2）条理清晰，寓意深刻。本书简述人工智能及其意义，阐述人工智能与大数据、LLM、GAI、AGI 等重要概念之间的密切关系，有利于读者从宏观的角度把握 AIGC 技术与应用的发展趋势。

（3）辅助教学，资源丰富。本书配有 20 个微课教学视频、与本书配套的教学 PPT、与各章结合的习题及参考答案等，帮助读者理解并掌握 AIGC 及其应用的相关知识。

对在校学生来说，AIGC 的理念、技术与应用是理论性和实践性都很强的"必修"课程。本书精心设计课程教学过程，每章都针对性地安排课后习题和研究性学习环节等，要求和指导学生在拓展阅读的基础上，深入理解和掌握 AIGC 的相关知识。

本书的教学评测可以从以下几方面入手：

（1）每章的作业（12 项）完成情况；

（2）每章的"研究性学习"或"课程学习与实践总结"（12 项）；

（3）学生针对每章内容写下的阅读笔记（建议）；

（4）学生平时考勤情况；

（5）任课教师认为有必要的其他评测方法。

本书特色鲜明、易读易学，适合高等院校各专业学生学习，也适合对人工智能以及 GAI、LLM、AIGC、AGI 相关领域感兴趣的人员阅读与参考。

需要与本书配套的教学资源的教师可登录人邮教育社区（www.ryjiaoyu.com）下载。欢迎教师与编者交流并索取与本书配套的、教学需要的相关资料，与作者联系的电子邮箱为 zhousu@qq.com，QQ 号为 81505050。

本书是浙江省普通本科高校"十四五"第二批新工科、新医科、新农科、新文科重点教材建设项目（高校通识教育分会专项）"大语言模型通识"的建设成果之一。本书的编写工作得到杭州电子科技大学、浙大城市学院、长庆油田第二采油厂等多所院校和企业的师生和企业专家的支持。

由于编者水平有限，书中难免有疏漏之处，恳请读者批评与指正。

编　者

2024 年夏

目录
CONTENTS

第1章
人工智能基础

所谓"技术系统"是指一种"人造"系统，它是人类为了达到某种目的而创造出来的。技术系统能够为人类提供某种功能，因此，它具有明显的"功能"特征。科学家已经制造出了非常多类似汽车、火车、飞机、收音机等的技术系统，它们模仿并拓展了人类身体器官的功能。但是，技术系统能不能模仿人脑的功能呢？到目前为止，我们对人脑知之甚少。人脑是由大约 860 亿个神经细胞组成的器官（见图 1-1），模仿它或许是天下最困难的事情。

图 1-1　人脑的外观

1.1　计算机的渊源

20 世纪 40 年代，"Computer"这个词还不是指计算机，它原本指的是从事数据计算的人。这些人在桌子前一坐就是一整天，面对一张纸、一份打印的指导手册，可能还有一台机械加法机，按照指令一步步地费力工作，并且要工作得足够仔细，最后才可能得出一个正确结果。

▶▶▶ 1.1.1　因战争而发展的计算机器

面对全球冲突，一些数学家开始致力于尽可能快地解决复杂数学问题。冲突双方都会通过无线电发送命令和战略信息，而这些信息可能被敌方截获。为了防止信息泄露，军方会对对应的信息进行加密，而能否破解敌方编码关乎着成百上千人的性命。到第二次世界大战结束时，人们已经制造出两台机器，它们可以被看作现代计算机的源头。一台是美国的电子数字积分计算机（Electronic Numerical Integrator And Computer，ENIAC，图1-2），它也是世界上第一台通用计算机；另一台是英国的巨人计算机（Colossus）。这两台计算机都不能像今天的计算机一样进行编程，配置新任务时需要进行移动电线和推动开关等一系列操作。

图 1-2　世界上第一台通用计算机 ENIAC

▶▶▶ 1.1.2　通用计算机

今天，计算机几乎存在于所有的电子设备当中，这通常只是因为它比其他选项都便宜。例如，普通的烤面包机本来并不需要计算机，但比起采用一堆烦琐的组件，只用一台简单的计算机就实现所有功能是比较划算的。

这类专用的计算机运行速度不同、体积大小不一，但从根本上讲，它们的功能是一样的。事实上，这类计算机大部分只能在工厂进行一次编程，这样做是为了对运行的程序进行加密，同时降低可能因改编程序导致的售后服务成本。机器人其实是配有诸如手臂和轮子这样的特殊外围设备的电子设备，这些外围设备能够帮助其与外部环境进行交互。机器人内部的计算机能够运行程序，例如，它的摄像头拍摄物体影像后，相关程序通过数据中心的照片可以对影像进行区分，以此来帮助机器人在现实环境中辨认物体。

人们玩计算机游戏，用计算机写文章、在线购物、听音乐，或者通过社交媒体与朋友联系。计算机还被用于预测天气、设计飞机、制作电影、辅助决策、完成金融交易和控制工厂等。作为一种通用的信息处理机器，电子计算机又被称为电脑，它能够执行被详细描述的任何过程，其中用于描述解决特定问题的步骤序列称为算法，算法可以变成软件（程序），确定硬件（物理机）能做什么和做了什么。创建软件的过程称为编程。

但是，计算机到底是什么样的机器？一个计算设备怎么能执行多种不同的任务呢？现代计算机可以被定义为"在可改变的程序的控制下，存储和操纵信息的机器"。该定义有两个关键要素。

第一，计算机是用于操纵信息的设备。这意味着可以将信息存入计算机，计算机会将信息转换为新的、有用的形式，然后显示或以其他方式输出信息。

第二，计算机在可改变的程序的控制下运行。计算机不是唯一能操纵信息的机器。例如，当你用简单的计算器来运算一组数字时，就是在输入信息（数字）、处理信息（如计算连续数字的总和）、输出信息（如显示计算结果）。再如，在给油箱加油时，加油机利用当前每升汽油的价格和来自传感器的信号，读取汽油流入油箱的速率，并将这些数据转换为加油量和应付金额等相关信息。但是，计算器或油泵并不是完整的计算机，它们只是被构建来执行特定的任务的机器。

在计算机的帮助下，人们可以设计出更有表现力、更加优雅的语言，并指示机器将其翻译为读取—执行周期能够理解的模式。计算机科学家常常会谈及建立某个过程或物体的模型，这并不是说要拿卡纸和软木等来制作一个真正的复制品。"模型"是一个数学术语，建立模型的意思是写出事件运作的所有方程式并进行计算，这样就可以在没有真实模型的情况下完成实验测试。由于计算机的运行速度很快，因此，与真正的实验操作相比，使用计算机建模能够更快得出答案。

1.2 大数据基础

信息社会所带来的好处是显而易见的：我们口袋里揣着手机，办公桌上放着计算机，办公室都连接到局域网或互联网。半个多世纪以来，随着计算机技术全面和深度地融入社会生活，信息爆炸已经累积到了一个引发变革的程度。它使世界充斥着比以往更多的信息，而且这些信息的增长速度在加快。信息总量的变化还导致了信息形态的变化——量变引起了质变。

▶▶▶ 1.2.1 信息爆炸的社会

综合观察社会各个方面的变化趋势，我们能真正意识到信息爆炸的社会或"大数据"时代已经到来。以天文学为例，2000 年，斯隆数字巡天项目启动，位于美国新墨西哥州的望远镜（见图 1-3）在短短几周内收集到的数据，就比世界天文学历史上总共收集的数据还要多。到了2010 年，信息档案的内容已经多达 1.4×2^{42} 字节。

图 1-3　美国斯隆数字巡天望远镜

与天文学领域发生的相似的变化在社会各个领域中发生。2003 年，人类第一次破译人体基因密码，辛苦工作了 10 年才完成约 30 亿对碱基对的排序。大约 10 年之后，世界范围内的基因仪每 15 分钟就可以完成同样的工作。在金融领域，美国股市的大多数交易都是由建立在数学模型和算法之上的计算机程序自动完成的，这些程序运用海量数据来预测利益和降低风险。

互联网公司更是被数据淹没了。谷歌（Google）公司每天要处理超过 24 拍字节（PB，2^{50} 字节）的数据，这意味着其每天处理的数据量是美国国会图书馆所有纸质出版物所含数据量的上千倍。从科学研究到医疗保险，从银行业到互联网，各个领域都在讲述着一个类似的故事，那就是数据量正爆发式增长。这种增长超过了人们的想象。

有趣的是，有研究指出，在 2007 年的数据中，只有 7%是存储在报纸、图书、图片等媒介上的模拟数据，其余全部是数字数据。模拟数据也称为模拟量，相对数字数据而言，它指的是取值范围连续的变量（例如声音、图像、温度、压力等）或数值。模拟数据一般采用模拟信号（如一系列连续变化的电磁波或电压信号）来表示。数字数据也称为数字量，相对模拟数据而言，它指的是取值范围离散的变量或数值。数字数据采用数字信号[如一系列断续变化的电压脉冲（如用恒定的正电压表示二进制数 1，用恒定的负电压表示二进制数 0）或光脉冲]来表示。

人类存储信息量的增长速度比世界经济的增长速度大约快 4 倍，而计算机数据处理能力的增长速度则比世界经济的增长速度大约快 9 倍。难怪人们会抱怨信息过量，因为每个人都受到了这种极速发展的冲击。

大数据的科学价值和社会价值正体现在以下两方面：一方面，对大数据的掌握程度可以转化为经济价值的来源；另一方面，大数据已经撼动了世界的方方面面，从商业科技到医疗、教育、经济、人文以及社会的其他各个领域。尽管我们还处在大数据时代的初期，但我们的日常生活已经离不开大数据了。

>>> 1.2.2 大数据的定义

以前，一旦完成了数据收集之后，数据就会被认为已经没有用处了。比如，在飞机降落之后，票价数据就没有用了——设计人员如果没有大数据的理念，就会丢失很多有价值的数据。

如今，人们不再认为数据是静止和陈旧的，它已经成为一种商业资本，一项重要的经济投入，可以创造新的经济利益。事实上，一旦有了这种思维转变，数据就能被巧妙地用来激发新产品和新服务。今天，大数据是人们获得新的认知、创造新的价值的源泉，还是改变市场、组织机构以及政府与公民关系的工具。大数据时代对我们的生活方式和我们与世界交流的方式都提出了新的要求。

所谓大数据，狭义上可以定义为：用现有的一般技术难以管理的大量数据的集合。这实际上是指用目前在企业数据库中占据主流地位的关系数据库无法进行管理的、具有复杂结构的数据，或者可以说，是指由于数据量的增大，导致对数据的查询响应时间超出了允许的范围的数据。

全球技术研究与咨询机构高德纳（Gartner）给出了这样的定义："大数据是需要新处理模式才能具有更强的决策力、洞察力和流程优化能力的海量、高增长率和多样化的信息资产。"

管理咨询公司麦肯锡（Mckinsey&Company）认为："大数据指的是所涉及的数据集规模已经超过了传统数据库软件获取、存储、管理和分析的能力。"这是一个被故意设计成偏主观性的定义，并且是一个关于多大的数据集才能被认为是大数据的可变定义，即并不定义大于一个特定数字的 TB 的数据才为大数据。因为随着技术的不断发展，符合大数据标准的数据集容量也会增长，并且定义随不同的行业也有变化，这依赖于在一个特定行业通常使用何种软件和数据集有多大。因此，大数据在今天不同行业中所指的数据量可以从几十 TB 到几 PB。

随着"大数据"的出现，数据仓库、数据安全、数据分析、数据挖掘等围绕大数据商业价值的利用正逐渐成为行业人士"争相追捧"的利润焦点，在全球引领了又一轮数据技术革新的浪潮。

▶▶▶ 1.2.3 大数据的 3V 特征

仅从字面上看，可能会认为"大数据"只是容量非常大的数据集而已，但容量只不过是大数据特征的一个方面，如果只拘泥于数据量，就无法深入理解当前围绕大数据所进行的讨论。因为"用现有的一般技术难以管理"这样的状况，并不仅是数据量增大这一个因素所造成的。

IBM 说："可以用 3 个特征相结合来定义大数据，分别是数量（Volume，或称容量）、种类（Variety，或称多样性）和速度（Velocity），称之为 3V（见图 1-4），即大数据是指庞大容量、极快产生速度和种类丰富的数据。"

图 1-4　按数量、种类和速度来定义大数据

（1）Volume（数量、容量）。如今，需要存储的数据量在急剧增长，我们存储的数据包括环境数据、财务数据、医疗数据、监控数据等，数据量不可避免地会转向 ZB 级别。但是，随着可供企业使用的数据量不断增长，可处理、理解和分析的数据的比例却在不断下降。

（2）Variety（种类、多样性）。随着传感器、智能设备的激增以及社交协作技术的发展，企业中的数据变得更加复杂，因为它不仅包含传统的关系（结构化）数据，还包含来自网页、互联网日志文件（包括流数据）、社交媒体、电子邮件、文档、主动和被动系统的传感器数据等原始的半结构化和非结构化数据。当然，这些数据中有些是过去就一直存在并保存下来的。和过去不同的是，如今除了存储，还需要对这些数据进行分析，并从中获得有用的信息。

（3）Velocity（速度）。数据产生和更新的频率是衡量大数据的一个重要特征。这里，速度的概念不仅是指与数据存储相关的增长速度，还可以动态地对应到数据流动的速度上。有效地处理大数据，需要在数据变化的过程中动态地对它的数量和种类进行分析。

在 3V 的基础上，IBM 又归纳总结了第四个 V——Veracity（真实和准确）。"只有真实且准确的数据才能让对数据的管控和治理真正有意义。随着新数据源的兴起，传统数据源的局限性被打破，企业愈发需要有效的信息治理以确保信息的真实性及安全性。"

总之，大数据是个动态的定义，不同行业根据其应用的不同对大数据有着不同的理解，其衡量标准也随着技术的进步而改变。

1.3　人工智能时代

将人类与其他动物区分开的特征之一就是省力工具的使用。人类发明了车轮和杠杆，以减轻远距离携带重物的负担；人类发明了长矛，从此不再需要徒手与猎物搏斗。数千年来，人类

人工智能时代

一直致力于创造越来越精密、复杂的机器来节省体力，那时能够帮助我们节省脑力的机器只是一个遥远的梦想。时至今日，我们才具备了足够的技术实力来探索更加通用的思考机器。虽然计算机面世还不到 100 年，但我们日常生活中的许多设备都缊藏着人工智能（Artificial Intelligence，AI）技术。人工智能最根本也最宏伟的目标之一就是建立人脑般的计算机模型。完美模型固然最好，但精确性稍逊的模型也十分有效。

▶▶▶ 1.3.1 图灵测试及其发展

1950 年，在计算机发明后不久，图灵提出了一套测试机器智能的方法，即后来广为人知的图灵测试。在测试中，测试者在不知情的情况下分别与计算机和人类各交谈 5 分钟，然后判断哪个是计算机，哪个是人类（见图 1-5）。此后的每一年，所有参加测试的程序中，最接近人类的那一个将被授予由勒布纳创办的勒布纳奖。"程序"们的表现确实越来越好了，就像象棋程序能够击败象棋大师一样，计算机最终一定可以像人类一般与人流畅交谈。

图 1-5　图灵测试

数十年来，研究人员一直使用图灵测试来评估机器模仿人思考的能力。如今，随着计算机技术的不断演进，研究者们认为应该更新换代，开发出新的评判标准，以驱动人工智能研究在现代化的方向上更进一步。新的图灵测试会包括更加复杂的挑战。加拿大多伦多大学的计算机科学家赫克托·莱维斯克发起了"威诺格拉德模式挑战"，要求人工智能回答关于语句理解的一些常识性问题。例如：这个纪念品无法装在棕色手提箱内，因为它太大了。问：什么太大了？回答 0 表示纪念品，回答 1 表示手提箱。也有学者建议在图灵测试中增加对复杂资料的理解，包括视频、文本、照片和播客等。比如，一个计算机程序可能会被要求"观看"一个电视节目或短视频，然后根据内容来回答问题，例如"为什么电视剧《天龙八部》中，契丹人萧远山的儿子姓乔？"

谷歌人工智能研究实验室 DeepMind 的联合创始人穆斯塔法·苏莱曼提出了一种新的测试人工智能是否具有人类智能水平的方法。他认为，传统的图灵测试并不能真正反映人工智能的能力，也不能说明它们是否具有复杂的内部对话或者能否进行抽象时间范围内的规划，而这些都是人类智能的关键特征。

苏莱曼没有将人工智能的智能与人类智能进行比较，而认为应该给它们一些短期的目标和任务，让它们尽量少地依赖人类输入，完成一些具体的工作。他称这种智能为"人工能力智能"，为了实现它，苏莱曼说，人工智能机器人应该通过一种新的图灵测试，例如它得到 10 万美元的种子投资，必须将其变成 100 万美元。作为测试的一部分，机器人必须研究一个电子商务的商业想法，制定产品计划，找到制造商并销售产品。苏莱曼甚至预计人工智能很快将达到这一里程碑。"我们不仅关心机器能说什么，我们也关心它能做什么。"苏莱曼写道。

>>> 1.3.2　人工智能的定义

作为计算机科学的一个分支，人工智能是研究、开发用于模拟、延伸和扩展人的智能的理论、方法、技术及应用系统的一门新的科学，是一门自然科学、社会科学和技术科学交叉的边缘学科，它涉及的学科内容包括哲学和认知科学、数学、神经生理学、心理学、计算机科学、信息论、控制论、不定性论、仿生学、社会结构学与科学发展观等。

人工智能的一个较早流行的定义，是由约翰·麦卡锡在 1956 年的达特茅斯会议上提出的，即人工智能就是要让机器的行为看起来像是人类所表现出的智能行为一样。另一个定义指出：人工智能是人造机器所表现出来的智能性。总体来讲，对人工智能的定义大多可划分为 4 类，即机器"像人一样思考""像人一样行动""理性地思考""理性地行动"。这里"行动"应广义地理解为采取行动或制定行动的决策，而不是肢体动作。

美国斯坦福大学人工智能实验室尼尔逊教授对人工智能下了这样一个定义："人工智能是关于——怎样表示知识以及怎样获得知识并使用知识的科学。"而温斯顿教授认为："人工智能就是研究如何使计算机去做过去只有人才能做的智能工作。"这些说法反映了人工智能的基本思想和基本内容，即人工智能是研究人类智能活动的规律，构造具有一定智能的人工系统，研究如何让计算机去完成以往需要人的智力才能胜任的工作，也就是研究如何应用计算机的软/硬件来模拟人类某些智能行为的基本理论、方法和技术。

可以把人工智能定义为一种工具，它用来帮助或替代人类思维。它是一项计算机程序，可以独立存在于数据中心，在个人计算机里，可以通过诸如机器人之类的设备体现出来。它具备智能的外在特征，有能力在特定环境中有目的地获取和应用知识与技能。

人工智能是对人的意识、思维的信息过程的模拟。人工智能不是人的智能，但能像人那样思考，甚至可能超过人的智能。自诞生以来，人工智能的理论和技术日益成熟，其应用领域也不断扩大。可以预期，人工智能所带来的科技产品将会是人类智慧的"容器"，因此，人工智能是一门极富挑战性的学科。

20 世纪 70 年代以来，人工智能被称为世界三大尖端技术（空间技术、能源技术、人工智能）之一，也被认为是 21 世纪三大尖端技术（基因工程、纳米科学、人工智能）之一，这是因为近几十年来人工智能获得了迅速的发展，在很多学科领域都获得了广泛应用，取得了丰硕成果。

>>> 1.3.3　人工智能的实现

人工智能的传说甚至可以追溯到古埃及，而电子计算机的诞生使信息存储和处理的各个方面都发生了革命，计算机理论的发展催生了计算机科学并最终促成了人工智能的出现。计算机这个用电子方式处理数据的发明，为人工智能的实现提供了一种媒介。

对于人脑的思维模拟的研究可以从两个方向进行：一个方向是结构模拟，即仿照人脑的结构机制，制造出"类人脑"的机器；另一个方向是功能模拟，即从人脑的功能过程进行模拟。现代电子计算机的产生便是对人脑功能过程的模拟，即对人脑思维的信息过程的模拟。实现人工智能有 3 种途径，即强人工智能、弱人工智能和实用型人工智能。

1. 强人工智能

强人工智能又称多元智能，研究人员希望人工智能最终能成为多元智能并且超越大部分人类的能力。有些人认为要达成以上目标，可能需要实现拟人化的特性，如人工意识或人工大脑。人工智能的完整性是指为了解决一个问题，你必须解决全部的问题。即使一个简单和特定的任务，如机器翻译，也要求机器按照作者的论点（推理），知道什么是被人谈论的（知识），忠实地再现作者的意图（情感计算）。因此，机器翻译被认为具有人工智能完整性。

强人工智能不局限于模仿人类的行为，这种人工智能被认为具有真正独立的思想和意识，并且具有独立思考、推理并解决问题的能力，甚至这种人工智能具有和人类类似的情感，可以与个体共情。强人工智能观点的倡导者指出，具有这种智能级别的事物，已经不再是人类所开发的工具，而是具有思维的个体，从本质上来说已经和人类没有差别了。机器既然有了"灵魂"，为何不能成为"人类"？这其中涉及了"何为人"的哲学探讨，这种探讨在诸多的科幻小说也多有描述，其中重要的载体就是"强人工智能"。虽然强人工智能和弱人工智能只有一字之差，但就像物理学中的强相互作用力和弱相互作用力一样，二者的含义有着巨大的差别：这种"强"其实是一种断层式的飞跃，是一种哲学意义上的升华。

强人工智能的观点认为有可能制造出真正能推理和解决问题的智能机器，并且这样的机器将被认为是有知觉的、有自我意识的。强人工智能可以有两类：

（1）类人的人工智能，即机器的思考和推理就像人的思维一样；

（2）非类人的人工智能，即机器产生了和人完全不一样的知觉和意识，使用和人完全不一样的推理方式。

然而，强人工智能即便可以实现也很难被证实。为了创建具备强人工智能的计算机程序，我们必须清楚了解人类思维的工作原理，而想要实现这样的目标，我们还有很长的路要走。

2. 弱人工智能

弱人工智能的观点认为不可能制造出真正能推理和解决问题的智能机器，这些机器只不过看起来像是智能的，但是并不真正拥有智能，也不会有自主意识。

弱人工智能指的是利用设计好的程序对动物以及人类逻辑思维进行模拟，所指的智能体表现出与人类相似的活动，但是这种智能体缺乏独立的思想和意识。目前，最尖端的人工智能研究也仅停留在弱人工智能的阶段，即使这种人工智能可以做到人类难以完成的事情。就我们目前的生活来看，弱人工智能已经完全融入我们的生活环境之中：譬如手机中的语音助手、智能音箱等。但是说到底，这些只是工具，被称为"机器智能"或许更为合适。

1979年，汉斯·莫拉维克制成了斯坦福马车（见图1-6），这是历史上首台无人驾驶汽车，能够穿过布满障碍物的房间，也能够环绕人工智能实验室行驶。

图1-6　斯坦福马车

弱人工智能只要求机器能够拥有智能行为，具体的实施细节并不重要。深蓝就是在这样的理念下产生的，它没有试图模仿国际象棋大师的思维，仅遵循既定的操作步骤。倘若人类和计算机遵照同样的步骤，那么比赛时间将会大大延长，因为计算机每秒验算的可能走位高达 2 亿个，就算思维惊人的象棋大师也不太可能达到这样的速度。人类拥有高度发达的战略意识，这种意识将需要考虑的走位限制在几步或几十步以内。然而，对弱人工智能而言，这种差异无关紧要，能证明计算机比人类更会下象棋就足够了。

如今主流的人工智能研究都集中在弱人工智能上，并且一般认为这一研究领域已经取得可观的成就，而强人工智能的研究则处于停滞不前的状态。

3. 实用型人工智能

实用型人工智能的研究者们将目标放低，不再试图创造出像人类一般智慧的机器。眼下我们已经知道如何创造出能模拟昆虫行为的机器人（见图1-7）。虽然它看起来似乎并没有什么用，但即使是这样的机器人，在完成某些特定任务时也是大有裨益的。比如，一群与狗一般大小、具备蚂蚁智商的机器人在清理碎石和在灾区找寻幸存者时就能够发挥很大的作用。

图1-7　美国华盛顿大学研制的由激光束驱动的 RoboFly

随着我们的模型变得越来越精细，我们的机器能够模仿的生物也越来越高级，最终，我们可能必须接受这样的事实：机器似乎变得像人类一样智慧了。也许实用型人工智能与强人工智能殊途同归。

▶▶▶ 1.3.4　大数据与人工智能

大数据是物联网、Web 和信息系统发展的综合结果。大数据相关的技术紧紧围绕数据展开，包括数据的采集、整理、传输、存储、分析、呈现和应用等。大数据的价值主要体现在分析和应用上，比如大数据场景分析等。

人工智能是典型的交叉学科，研究的内容集中在机器学习、自然语言处理、计算机视觉、机器人学、自动推理和知识表示等六大方向上。机器学习的应用范围比较广泛，包括自动驾驶、智慧医疗等。人工智能的核心在于"思考""决策"，如何进行合理的思考和合理的行动是人工智能研究的主流方向之一。

大数据和人工智能虽然关注点不同，但有密切的联系：一方面，人工智能需要大量的数据作为"思考""决策"的基础；另一方面，大数据需要人工智能技术进行数据价值化操作，比如机器学习就是进行数据分析的常用方式。在大数据价值的两个主要体现当中，数据应用的主要渠道之一是智能体（人工智能产品），为智能体提供的数据量越大，智能体运行的效果就越好，因为智能体通常需要大量的数据进行"训练""验证"，从而保障运行的可靠性和稳定性。

大数据相关技术已经趋于成熟，相关的理论体系逐步完善，而人工智能尚处在行业发展的初期，相关的理论体系依然有巨大的发展空间。从学习的角度来说，从大数据开始学习是个不错的选择，从大数据过渡到人工智能也会相对比较容易。总的来说，两个技术的发展空间都非常大。

从 LLM 到 AGI

1.4 从 LLM 到 AGI

从大语言模型（Large Language Model，LLM）到人工智能生成内容（Artificial Intelligence Generated Content，AIGC），再到通用人工智能（Artificial General Intelligence，AGI），这一过程体现了人工智能技术的逐步发展和深化。

>>> 1.4.1 大语言模型（LLM）

LLM 是近年来人工智能领域的一项重要进展，是一种基于机器学习和自然语言处理技术的先进人工智能模型。这种模型经过大规模的文本数据训练，参数数量可达到数十亿乃至数万亿之多。通过深度学习架构，尤其是 Transformer 模型，LLM 能够学习到自然语言的复杂特征、模式和结构。

LLM 的核心优势在于它们对语言的广泛理解和生成能力。经过训练后，这种模型可以执行多样化的自然语言处理任务，而无须针对每个任务单独编程，能够完成从简单的问答、文本翻译到复杂的对话、文本创作等多种任务。OpenAI 的 GPT 系列、阿里云的通义千问等，都是此种模型的代表。它们的核心优势在于对语言的广泛理解、上下文敏感的生成以及一定程度的创造性表达。

LLM 的一个显著特点是它们能够捕捉语言的细微差别和上下文依赖，这使得它们在处理自然语言时更为灵活和准确。此外，它们还能在一定程度上展现逻辑思维能力、推理能力和创造能力，尽管这些能力仍然有限，并且存在一定的挑战和争议，如偏见、误导信息的生成等。随着技术的不断进步，LLM 正在逐渐成为人工智能领域的重要基石，推动着从个人助手、客户服务、内容创造到教育、医疗等众多行业和领域的创新与发展。

实际上，"大语言模型""通用语言模型"这两个术语在很多情况下可以看作同义或高度相关的概念，它们都是指参数数量多、训练数据丰富、具备广泛语言理解和生成能力的模型。在实际讨论中，两者常常被交互使用，因为目前大多数 LLM 本身就具备很强的通用性。不过，为了细微区分，我们可以这样理解："大语言模型"往往指的是模型的技术特征，强调其规模和技术复杂度，而"通用语言模型"则更多地描述了模型的应用范围和灵活性。

>>> 1.4.2 人工智能生成内容（AIGC）

随着 LLM 技术的成熟，其应用范围扩展到了内容生成的多个领域。AIGC 利用人工智能技术，尤其是深度学习算法，分析大量已有内容，学习其中的模式和规律，进而自动生成新的、原创性的内容。2021 年之前，AIGC 生成的主要是文字，而新一代模型可以处理的格式内容包括文字、语音、代码、图像、视频、机器人动作等。AIGC 被认为是继专业生产内容、用户生产内容之后的新型内容创作方式。AIGC 不仅革新了创意产业，还为个性化内容推荐、辅助设计、娱乐等多个行业带来了变革，例如产生了 DALL·E、Midjourney 等图像生成模型以及音乐生成软件 Amper Music 等。

▶▶▶ 1.4.3　通用人工智能（AGI）

AGI 是指一种理论上的智能体，它能够执行广泛的任务，而不仅是专门设计来解决特定问题的狭窄应用。与专注于单一领域（如图像识别、语音识别或下棋）的弱人工智能不同，AGI 旨在拥有更普遍的能力、类似于或超越人类的智慧，能够在未经过预先编程的情况下学习、适应、理解各种复杂的环境和情境和在其中进行操作。

AGI 的关键特性包括但不限于以下几个。

（1）高效学习与泛化能力：从少量或无标注的数据中学习，并将学到的知识应用于新的、未见过的情境中。

（2）自主性：独立感知环境、思考、做出决策、设定并完成目标，不需要人类持续干预。

（3）多领域适应性：不局限于特定任务，而是能够跨越不同的知识领域和技能范畴，执行多样化的任务。

（4）认知与情感能力：理解并模拟人类的情感、道德和社会规范，并具备一定的创造力和创新能力。

（5）价值驱动：其行动不仅基于预设指令或数据驱动，还基于内部的价值观和目标体系（类似人类的动机系统）的指导。

（6）社会协作：有效地与人类和其他智能体进行沟通、合作和社会互动。

实现 AGI 是人工智能研究的长期目标之一，它要求机器具有跨领域的学习能力、适应能力、自我意识和创造能力，能够像人类一样灵活应对各种任务和情境。但是，它目前仍面临众多技术和哲学挑战，包括如何设计能够自我学习和进化的算法、如何确保智能体的行为符合伦理道德标准，以及如何处理智能体决策的可解释性和可控性等问题。尽管已经有一些初步的尝试和原型，但真正能够媲美或超越人类智能的 AGI 系统尚未实现。

从 LLM 和 AIGC 到 AGI 的进程，涉及一系列技术进步、理论发展和伦理考量，旨在推动人工智能从擅长特定任务的领域专家向具备广泛认知和学习能力的智能体转变，具体包括如下能力。

（1）泛化能力：现有模型虽然在特定任务上表现出色，但在面对未曾训练过的任务或环境时泛化能力有限。

（2）常识推理：AGI 需要具备丰富的常识和逻辑推理能力，能够处理抽象概念和做出合理判断。

（3）情感理解与表达：理解人类情感的复杂性，以及在适当情境下表达和调节情绪，是 AGI 的重要组成部分。

（4）自我意识与动机：这是 AGI 探讨中最前沿也最具争议的部分，涉及机器是否有"意识"以及如何建立目标导向行为的内在机制。

【作业】

1. 所谓"技术系统"是指一种"（　　　）"系统，它是人类为了达到某种目的而创造出来的。

A．人造　　　　　B．自然　　　　　C．工业　　　　　D．逻辑

第 1 章　人工智能基础

2．最初，"Computer" 这个词指的是（　　　）。

    A．计算的机器　　　　　　　　　　　　B．从事数据计算的人

    C．电脑　　　　　　　　　　　　　　　　D．计算桌

3．世界上第一台通用计算机是（　　　）。

    A．Ada　　　　　B．Colossus　　　　C．ENIAC　　　　D．SSEM

4．被誉为 "人工智能之父" 的科学大师是（　　　）。

    A．爱因斯坦　　　　B．冯·诺伊曼　　　　C．钱学森　　　　D．图灵

5．所谓大数据，狭义上可以定义为（　　　）。

    A．用现有的一般技术难以管理的大量数据的集合

    B．随着互联网的发展，在我们身边产生的大量数据

    C．随着硬件和软件技术的发展，数据的存储、处理成本大幅下降，从而促进数据大量产生

    D．随着云计算的兴起而产生的大量数据

6．所谓 "用现有的一般技术难以管理"，可以指（　　　）。

    A．由于数据量的增大，导致对非结构化数据的查询产生了数据丢失

    B．用目前在企业数据库中占据主流地位的关系数据库无法进行管理的、具有复杂结构的数据

    C．分布式处理系统无法承担如此巨大的数据量

    D．数据太少无法适应现有的数据库处理条件

7．管理咨询公司麦肯锡对大数据的定义是一个被故意设计成偏主观性的定义，即并不定义大于一个特定数字的 TB 的数据才为大数据。随着技术的不断发展，符合大数据标准的数据集容量（　　　）。

    A．稳定不变　　　　B．略有精简　　　　C．也会增长　　　　D．大幅压缩

8．可以用 3 个特征相结合来定义大数据，即（　　　）。

    A．数量、种类和速度

    B．庞大容量、极快速度和种类丰富的数据

    C．数量、速度和价值

    D．丰富的数据、极快的速度、极大的能量

9．实际上，大多数的大数据都是（　　　）的。

    A．结构化　　　　　　　　　　　　　　B．非结构化

    C．半结构化　　　　　　　　　　　　　D．非结构化或半结构化

10．（　　　）已经成为一种商业资本，一项重要的经济投入，可以创造新的经济利益。

    A．能源　　　　　B．数据　　　　　C．财物　　　　　D．环境

11．今天，（　　　）是人们获得新的认知、创造新的价值的源泉，它还是改变市场、组织机构，以及政府与公民关系的工具。

    A．大数据　　　　B．算法　　　　　C．程序　　　　　D．传感器

12．作为计算机科学的一个分支，人工智能的英文缩写是（　　　）。

    A．CPU　　　　　B．BI　　　　　C．AI　　　　　D．DI

13．下列关于人工智能的说法正确的是（　　　）。

① 人工智能是关于知识的学科——怎样表示知识以及怎样获得知识并使用知识的科学

② 人工智能就是研究如何使计算机去做过去只有人才能做的智能工作

③ 自 1946 年以来，人工智能学科经过多年的发展，已经趋于成熟，得到充分应用

④ 人工智能不是人的智能，但能像人那样思考，甚至可能超过人的智能

    A．①③④   B．①②④   C．①②③   D．②③④

14．人工智能是典型的（　　　）学科，研究的内容集中在机器学习、自然语言处理、计算机视觉、机器人学、自动推理和知识表示等六大方向上。

    A．交叉   B．工程   C．自然   D．心智

15．大数据和人工智能虽然关注点不同，但有密切的联系。比如（　　　）就是进行数据分析的常用方式。

    A．具象分析   B．机器视觉   C．人机交互   D．机器学习

16．（　　　）模型是一种基于机器学习和自然语言处理技术的先进人工智能模型，这种模型经过大规模文本数据训练，参数数量可达到数十亿乃至数万亿之多。

    A．具象   B．分析   C．大语言   D．聚类

17．通过深度学习架构，尤其是 Transformer 模型，大语言模型能够学习到自然语言的复杂（　　　），其核心优势在于它们对语言的广泛理解和生成能力。

① 特征　② 规模　③ 模式　④ 结构

    A．①②④   B．①③④   C．①②③   D．②③④

18．LLM 的一个显著特点是它们能够捕捉语言的细微差别和上下文依赖，这使得它们在处理自然语言时更为灵活和准确。此外，它们还能在一定程度上展现（　　　）。

① 逻辑思维能力　② 推理能力　③ 创造能力　④ 挥发能力

    A．①②③   B．②③④   C．①②④   D．①③④

19．（　　　）利用人工智能技术，尤其是深度学习算法，分析大量已有内容，学习其中的模式和规律，进而自动生成新的、原创性的内容。

    A．MLM   B．LLM   C．AGI   D．AIGC

20．实现 AGI 是人工智能研究的长期目标之一，它要求机器具有跨领域的学习能力、（　　　），能够像人类一样灵活应对各种任务和情境。

① 计算精度　② 适应能力　③ 自我意识　④ 创造能力

    A．①③④   B．①②④   C．②③④   D．①②③

【研究性学习】进入人工智能时代

    所谓"研究性学习"，是以培养学生"具有永不满足、追求卓越的态度，发现问题、提出问题、解决问题的能力"为基本目标；以学生从学习和社会生活中获得的各种课题或项目设计、作品的设计与制作等为基本的学习载体；以在发现问题、提出问题和解决问题的全过程中学习到的科学研究方法、获得的丰富且多方面的体验和获得的科学文化知识为基本内容；以在教师指导下，学生自主开展研究为基本的教学形式的课程。

    在本书中，我们结合各章学习内容，精心选取许多经典案例，试图激发读者对本课程的兴趣，加深理解，使读者着眼于通过深度阅读来掌握学习方法，以及"灵活应用 AIGC 技术"来"展现自己对未来的想象力"。

    （1）组织学习小组。"研究性学习"活动需要通过学习小组，以集体形式开展。为此，请你邀请或接受其他同学的邀请，组成研究性学习小组。小组成员以 3～5 人为宜。

    你们的小组成员如下。

    召集人：_____（专业、班级：_____）

    组员：_____（专业、班级：_____）

_____　（专业、班级：_____）

_____　（专业、班级：_____）

_____　（专业、班级：_____）

（2）小组活动：结合本章内容，讨论以下问题。

① 什么是大数据的定义，什么是人工智能的定义？大数据和人工智能这两个学科之间存在什么关系？

② 从 LLM 到 AIGC，再到 AGI，人工智能正在实践着一条怎样的发展路线？憧憬一下，未来 AGI 会让我们的生活产生哪些变化。

③ 人工智能时代对我们的职业生涯有什么影响？

记录：请记录小组讨论的主要观点，推选代表在课堂上简单阐述你们的观点。

评分规则：若小组汇报得 5 分，则小组汇报代表得 5 分，其余同学得 4 分，以此类推。

_____

_____

_____

_____

实验评价（教师）

_____

_____

_____

第2章
什么是 LLM

大语言模型（LLM）不仅促进了人工智能技术的进步，还对社会经济、科研、教育等多个领域产生了重要影响。

LLM 通过模仿人类语言的复杂性，极大提升了自然语言处理（Natural Language Processing，NLP）技术的能力，使得机器能够更准确地理解、生成和交互自然语言。这不仅推动了聊天机器人、智能客服、自动翻译、内容创作等领域的技术革新，还为新兴技术（如语音识别、虚拟助理等）提供了强大的技术支持，创造了更多商业价值。在科研领域，LLM 可以帮助科研人员快速梳理文献、发现研究趋势，甚至辅助撰写科学报告，加速知识的产生和传播。它还可以用于知识图谱的构建和维护，促进跨学科知识的融合与创新。在教育领域，LLM 能够根据学生的学习习惯和能力，提供个性化的学习资源和辅导，改善教学效果。同时，它能够生成多语言学习材料，促进文化的全球交流与传播，增强对文化多样性的理解和尊重。

2.1 Blockhead 思维实验

在任何现有或想象的未来计算机系统中，存储数千个单词的所有可能序列都是不现实的：这些序列的数量使得宇宙中原子的数量看起来微不足道。因此，研究人员重新利用神经网络的实验和真实方法，将这些巨大的集合减化为更易管理的形式。

神经网络最初被应用于解决分类问题——决定某物是什么，例如输入一张图片，网络将确定它所示的是狗还是猫。神经网络必须以一种使相关的输入产生相似结果的方式来压缩数据。

1981 年，内德·布洛克构建了一个 "Blockhead"（傻瓜）假说——假定科学家通过编程，在 Blockhead 内预先设定好了近乎所有问题的答案，那么，当它回答问题的时候，人们也许根本无法区分是 Blockhead 还是人在回答问题。显然，这里的 Blockhead 并不被认为是智能的，因为它回答问题的方式仅是从其庞大的记忆知识库中检索并复述，并非通过理解问题之后给出答案。哲学家一致认为，这样的系统不符合智能的标准。

对于多年来一直在思考人工智能的哲学家来说，GPT-4 就像是一个已经实现了的 Blockhead 思维实验。实际上，GPT-4 的许多成就就是通过类似的内存检索操作产生的。GPT-4 的训练集中包括数亿个人类个体生成的对话和数以千计的学术出版物，涵盖潜在的问答对象。研究发现，深度神经网络多层结构的设计使其能够有效地从训练数据中检索到正确答案。这表明，GPT-4 的回答其实是通过近似甚至精确复制训练集中的样本生成的。

如果 GPT-4 真的是以这种方式运行的，那么它只是 Blockhead 的现实版本。由此，人们在评估 LLM 时存在一个关键问题：它的训练集中可能包含评估时使用的测试问题，这被称为"数据污染"，这些是应该在评估前予以排除的问题。

研究指出，LLM 不仅可以简单地复述其提示的或训练集的大部分内容，还可以灵活地融合来自训练集的内容，产生新的输出。许多经验主义哲学家提出，能够灵活复制先前经验中的抽象模式，可能不仅是智能的基础，还是创造力和理性决策的基础。

从 NLP 起步

2.2 从 NLP 起步

自然语言处理（NLP）是一门研究如何让计算机理解、生成和分析人类自然语言的学科，它是人工智能和计算机科学的重要分支。

早期的 NLP 系统依赖于手工编写的规则来解析和理解语言。这些规则基于语言学理论，试图直接编码语法和语义规则，但这种方法难以扩展到大规模文本，且难以处理语言的灵活性。随着数据量的增长和计算能力的提升，统计方法开始主导 NLP 领域。这些方法利用概率模型来处理语言，比如利用 n-gram 模型，能够更好地处理语言的灵活性，但仍然有局限性，尤其是在处理长距离依赖和复杂语言结构时。

▶▶▶ 2.2.1 NLP 研究内容

如今，NLP 研究的主要内容大致可以分为以下几个方面。随着技术的不断进步，新的研究方向和应用场景还在不断涌现。

（1）文本预处理：这是 NLP 的基础步骤，包括文本清洗（去除无关字符、标点符号等）、分词（将文本切分成单词或词单元）、词性标注（为每个词分配语法类别，如名词、动词等）、命名实体识别（识别文本中的特定实体，如人名、地点、组织机构名等）。

（2）词法分析：分析词汇的形式和意义，包括词干提取（将词还原为其词根形式）、词形还原（将词还原为标准词典形式）等。

（3）句法分析：分析句子的结构和组成成分，包括句法树结构的构建、依存关系分析（确定单词间的语法关系）等。

（4）语义分析：理解文本的深层含义，包括情感分析（判断文本的情感倾向）、主题抽取（识别文本的主题内容）、篇章理解（理解长篇文本的连贯性和逻辑关系）等。

（5）自然语言生成：将非自然语言形式的信息转换成自然语言文本，如自动生成报告、新闻摘要、对话应答等。

（6）机器翻译：将一种自然语言自动转换为另一种自然语言，这是 NLP 的重要应用之一。

（7）对话系统：构建能够与人类进行自然对话的系统，包括聊天机器人、语音助手等，涉及对话管理、上下文理解、自然语言生成等技术。

（8）信息检索与过滤：从大量文本中找出与查询条件相匹配的信息，用于搜索引擎、推荐系统等。

（9）语音识别与语音合成：将语音信号转换为文本（语音识别），或将文本转换为语音信号（语音合成）。

（10）知识图谱与语义网：构建和利用知识图谱来增强机器对世界的理解和推理能力，用于问答系统、智能推荐等。

（11）深度学习模型：使用深度神经网络（如循环神经网络、长短期记忆网络、Transformer模型等）来处理自然语言任务，包括语言模型、词向量表示（如 Word2Vec、GloVe）、注意力机制等。

NLP 的发展经历了从基于规则的方法到统计方法，再到深度学习方法的转变。LLM 的兴起是 NLP 领域的一个重要里程碑，它们代表了深度学习方法在处理自然语言上的最新进展。

>>> 2.2.2　深度学习的影响

深度学习对 NLP 领域产生了深远的影响，彻底改变了我们处理、理解和生成人类语言的方式。深度学习在 NLP 中的几个关键影响点如下。

（1）提升理解能力：深度学习模型，尤其是基于 Transformer 架构的模型（如 BERT、GPT系列等），能够学习到语言的深层结构和语境依赖性，极大地提升了计算机处理复杂语言任务的能力，比如问答系统实现、文本蕴含判断和语义理解。

（2）文本生成与创意写作：通过使用序列到序列模型（seq2seq）结合注意力机制，深度学习模型能够生成连贯、有逻辑的文本，可以应用于文章创作、新闻摘要生成、对话系统响应生成等，甚至可以模仿特定风格或作者的写作风格。

（3）词嵌入与表征学习：词向量表示（如 Word2Vec、GloVe）以及更先进的上下文敏感的词嵌入（如 BERT 中的词块嵌入）为词语提供了高维向量表示，这些表示能够捕捉词之间的语义和语法关系，使得模型能够更好地理解和处理文本，为深度学习应用于 NLP 奠定了基础。

（4）情感分析与语义理解：深度学习模型能够更准确地识别文本中的情绪、态度和观点，这对于社交媒体分析、客户服务、产品反馈分析等领域至关重要，能够帮助企业和机构更好地理解用户需求和市场趋势。

（5）机器翻译：基于神经网络的机器翻译系统，如 Transformer 模型，相比于传统的统计机器翻译方法，能够提供更流畅、更准确的翻译结果，大大推进了跨语言沟通的便利性。

（6）对话系统与聊天机器人：深度学习技术使得聊天机器人更加智能化，能够进行多轮对话、理解用户意图并做出恰当反应，改善了用户体验，广泛应用于客户服务、教育、娱乐等多个行业。

（7）命名实体识别与信息抽取：深度学习模型在识别文本中的命名实体（如人名、地点、组织机构名等）和抽取关键信息方面展现出了强大性能，对于知识图谱构建、信息检索和智能文档处理等应用极为重要。

（8）解决数据稀疏性问题：NLP 任务常面临数据稀疏性挑战，深度学习模型通过学习更高级别的抽象特征，能在一定程度上缓解这一问题，尤其是在少数民族语言、专业领域术语等方面。

（9）模型可扩展性与迁移学习：预训练的 LLM，如 T5、BERT 等，通过迁移学习策略，能够在少量样本上快速适应新的任务，降低了特定领域应用的门槛，加速了 NLP 技术的普及和应用。

（10）持续推动技术创新：深度学习的引入激发了一系列研究和开发活动，不断推动 NLP技术变革，包括但不限于模型结构创新、训练策略优化、计算效率提升等，为未来的 NLP 发展奠定了坚实基础。

随着 NLP 的发展，如今，LLM 已被应用于各种场景，极大地推动了人工智能的实用化进程，也对模型的效率、经济成本、伦理和隐私等方面提出了新的挑战。随着技术的持续发展，LLM 正逐步成为 NLP 领域的新常态，不断拓展人类与机器交互的边界。

LLM 定义

2.3 LLM 定义

LLM 是一种基于深度学习技术的人工智能模型，具有大规模参数和复杂结构，其设计目的是理解和生成类似于人类语言的自然语言。这种模型通过在海量文本数据上进行训练，能够学习到语言的复杂结构、语义和上下文依赖，从而在多种 NLP 任务中展现卓越性能。

LLM 代表了 NLP 领域的一大进步，推动着人工智能技术在对话系统、内容创作、信息检索、语言理解等多个应用场景的革新，OpenAI 推出的 ChatGPT 就是一个 LLM 的例子，它被训练来理解和生成人类语言，以便进行有效的对话和解答各种问题。

在 LLM 中，"大"主要有两层含义。一方面，"大"指的是模型的参数数量。在 LLM 中，参数的数量通常会非常大，达到数十亿甚至数万亿个。这使得模型能够学习和表示语言中细微且非常复杂的模式。另一方面，"大"指的是训练数据的规模。LLM 通常可以在互联网、图书、新闻等各种来源的大规模文本数据上进行训练。

在 LLM 中，"通用"这个词描述的是模型的应用范围。通用语言模型在预训练时使用了来自各种领域的数据，因此只需进行少量额外训练或调整，就能够处理下游各种类型的任务，例如文本生成、情感分析、问答系统、机器翻译、文本摘要等，而不限于某一特定的任务或领域，这些模型在处理新的、未见过的任务时具有很强的泛化能力。

LLM 的核心特征包括如下方面。

（1）深度学习架构：通常基于先进的神经网络架构，尤其是 Transformer 模型，该架构擅长处理序列数据，通过自注意力机制理解长距离的依赖关系。

（2）无监督预训练：首先在大量未标注文本上进行无监督学习，预训练让模型学习语言的统计规律和潜在结构；然后可以根据具体任务进行有监督的微调。

（3）生成与理解并重：既能根据上下文生成连贯、有逻辑的新文本，也能理解输入文本的意义，进行精准的语义解析和信息提取。

（4）持续学习与适应性：具有持续学习能力，可以通过接收新数据不断优化和扩展知识，保持模型的时效性和准确性。

2.4 LLM 工作原理

LLM 基于深度学习技术，特别是 Transformer 架构，这些模型通过学习海量文本数据，理解和生成自然语言。通过深度学习和海量数据训练，LLM 实现了对自然语言的深度理解与生成，其工作原理涉及复杂的数学模型、优化算法以及对伦理和社会影响的深刻考量。

LLM 的训练需要消耗极多的计算资源，包括大量的图形处理单元（Graphics Processing Unit，GPU）或张量处理器（Tensor Processing Unit，TPU）（两种不同类型的处理器），以及相应的能源，这也是其发展的一个重要考量因素。LLM 容易吸收训练数据中的偏见，因此在数据选择和模型使用上需要特别注意伦理问题，努力减少偏见和歧视。随着技术的发展，LLM 也在不断优化，持续学习机制和更高效的学习算法被研究，以提高模型的适应性和效率。

▶▶▶ 2.4.1 词元及子词标记化

在语言模型中，每个单词或子词都被映射成一个特定的数字（见图 2-1），它被称为词元（token）。这种映射关系通常是通过预定义的规则或算法建立的，不同的语言模型可能使用不同的标记化方案，但重要的是要保证在相同的语境下，相同的单词或子词始终被映射到相同的词元。"tokens"是指单词、单词部分（称为子词）或字符转换成的数字列表。

原文　　"hello world!"

单词列表　['hello', 'world', '!!']

词元　[7592, 2088, 999]

图 2-1　单词或子词被映射一个特定的数字

大多数语言模型倾向于使用子词标记化，因为这种方法高效、灵活。子词标记化能够处理单词的变形、错字等情况，从而更好地识别单词之间的关系。

▶▶▶ 2.4.2 基础模型

训练一个 LLM 可能非常耗时且花费高昂——如今，最常见的商业系统是在数千台强大处理器上同时训练数周，耗资达数百万美元。这个训练的程序通常被称为"基础模型"（见图 2-2），具有广泛的适用性和长期使用寿命。它们可以作为许多不同类型专业 LLM 的基础，直接与它们交互也是完全可能的（而且很有用和有趣）。

图 2-2　训练基础模型

LLM 在完成了对大型文本语料库的"基础训练"后，就要进入调整阶段。这包括向它提供一系列示例，说明它应该如何礼貌地、合作地回答问题（响应"提示"），以及最重要的，它不允许说什么（当然，这反映了其开发者的态度和对偏见的价值判断）。初始训练步骤大多是自动化过程，这个社交化步骤是通过所谓的人类反馈强化学习（Reinforcement Learning from

Human Feedback，RLHF）来完成的。人类审查 LLM 对一系列可能引起不当行为的提示的反应，然后帮助 LLM 做出改进。

完成训练后，LLM 接收使用者的提示或问题作为输入，对其进行转换并生成一个回应。与训练步骤相比，这个过程快速而简单，但它是如何将输入转换并生成回应的呢？模型将这种"猜测下一个词"的技术扩展到更长的序列上。重要的是，要理解分析和猜测实际上不是在词本身上进行的，而是在所谓的标记上进行的——它们代表词的一部分，并且这些标记进一步以"嵌入"形式表达，旨在捕捉它们的含义。

▶▶▶ 2.4.3　词嵌入及其含义

LLM 首先使用词嵌入技术将文本中的每个词汇转化为高维向量，确保模型可以处理连续的符号序列。这些向量不仅编码了词汇本身的含义，还考虑了语境下的潜在关联。

将每个单词表示为一种特定形式的向量（列表）的方法称为嵌入。嵌入将给定的单词转换为具有特殊属性的向量（有序数字列表），相似的单词具有相似的向量表示。想象一下 "朋友""熟人""同事""玩伴"这些词的嵌入，目标是，嵌入应该将这些单词表示为彼此相似的向量，通过代数组合嵌入来促进某些类型的推理。

单词嵌入的一个缺点是它们并不固有地解决多义性的问题（单词可能具有多个含义）。解决这个问题有几种方法。例如，如果训练语料库足够详细，单词出现的上下文将倾向于聚合成统计簇，每个簇代表同一个单词的不同含义。这允许 LLM 以模棱两可的方式表示单词，将其与多个嵌入相关联。多义性的计算方法是一个持续研究的领域。

当你想知道一个词的含义时，你可能会查字典。在字典里，你会找到用词语表达的关于词义的描述，查看定义后你可以理解一个词的含义。换句话说，通过与其他单词的关系来表示单词的含义，通常被认为是一种令人满意的表示语义的实际方法。

当然，有些词确实指的是现实世界中的真实事物。但是，在相互关联的混乱的定义中有太多的内在结构，以至于关于给定单词的几乎所有需要知道的东西都可以通过它与其他单词的关系来编码。

▶▶▶ 2.4.4　基于 Transformer 模型

Transformer 是一种在 NLP 领域中广泛使用的深度学习模型，它是谷歌在 2017 年发表的一篇论文《注意力就是你所需要的》中提出的。Transformer 模型的主要特点是使用了"自注意力"机制，允许模型在处理序列数据时考虑到序列中所有元素的上下文关系。

Transformer 模型首先被应用于机器翻译的神经网络模型架构，目标是将源语言转换为目标语言，它完成了对源语言序列和目标语言序列全局依赖的建模。因为适用于并行计算，它的模型复杂程度在精度和性能上都要高于之前流行的循环神经网络（Recurrent Neural Network，RNN），如今的 LLM 几乎都基于 Transformer 模型。

当一个 Transformer 模型对一句话进行处理时，它会一次性查看所有单词，并为每个单词计算一个"注意分数"。注意分数确定句子中每个单词应该对其他每个单词的解释产生多大影响。例如，如果句子是"猫坐在垫子上"，当 Transformer 模型处理单词"坐"时，它可能会更多地关注单词"猫"（因为"猫"是坐的对象），而对单词"垫子"关注较少。但是，当处理单词"上"时，它可能会更多地关注"垫子"。

当要求 LLM 回答问题时，类似的过程也会发生。LLM 首先将该单词转换为嵌入，然后它以相同的方式处理询问，使其专注于输入的最重要部分，并使用这些来预测在你开始回答问题时，你输入的下一个单词可能是什么。

为了解决序列信息中词语顺序的问题，Transformer 模型引入了位置编码机制，利用词嵌入来表达语言中的复杂概念。在 Transformer 模型中，每个单词都被表示为一个高维向量，而这些高维向量在表示空间中的位置反映了单词之间的语义关系。例如，具有相似含义的单词在表示空间中可能会更加接近，而具有不同含义的单词可能会相对远离。这种机制允许模型理解并记住单词之间的相对或绝对位置关系，即使在转换成固定长度向量后也能保留上下文信息。

通过使用这种高维表示，Transformer 模型能够更好地理解和生成自然语言。它们通过学习大量文本数据，自动调整词嵌入向量的参数，使得模型能够根据上下文理解单词的含义，并生成连贯的语言输出。Transformer 模型中的注意力机制允许模型集中注意力于输入中与当前任务相关的部分，从而提高了模型在处理长文本序列和复杂语境时的性能。

▶▶▶ 2.4.5 注意力机制

早期在解决机器翻译这一类序列到序列的问题时，通常采用的做法是利用一个编码器和一个解码器构建端到端的神经网络模型。但是，基于编解码的神经网络存在两个问题，我们以机器翻译作为例子，问题如下。

问题 1：如果翻译的句子很长、很复杂，若直接将一篇文章输入模型，会导致模型的计算量很大，并且准确率下降严重。

问题 2：在不同的翻译语境下，同一个词可能具有不同含义，但是网络对这些词向量并没有区分，没有考虑词与词之间的相关性，导致翻译效果较差。

同样，在计算机视觉领域，如果输入的图像尺寸很大，在进行图像分类或识别时，模型的性能也会下降。针对这样的问题，提出了注意力机制。

早在 20 世纪 90 年代对注意力机制就有研究，2014 年，弗拉基米尔的《视觉注意力的反复模型》一文中将其应用在视觉领域，后来，随着 2017 年 Transformer 模型的提出，注意力机制在 NLP、计算机视觉等相关问题上被广泛应用。

"注意力机制"实际的目的是将人的感知方式、注意力的行为应用在机器上，让机器学会去感知数据中的重要和不重要的部分。比如，如果要识别一张图片中的动物，我们让机器侧重于关注图片中动物的面部特征，包括耳朵、眼睛、鼻子、嘴巴，而不用太关注图片的背景信息。这样做的核心目的是希望机器能注意到当前任务的关键信息，而减少对其他非关键信息的注意。同样，在机器翻译中，我们让机器注意到每个词向量之间的相关性，有侧重地进行翻译，模拟人类的理解过程。

对模型的每一个输入项（可能是图片中的不同部分，或者是语句中的某个单词），分配一个权重，这个权重代表了我们希望模型对该部分的关注程度。通过权重大小来模拟人在处理信息时的注意力侧重程度，可以有效地提高模型的性能，并且在一定程度上减少计算量。

深度学习中的注意力机制通常可分为 3 类：软注意（全局注意）机制、硬注意（局部注意）机制和自注意力（内注意）机制。

（1）软注意机制：对每个输入项分配的权重的范围为 0~1，某些部分的关注多一点，某些部分的关注少一点。由于这种机制对大部分信息都有考虑，但考虑程度不一，所以相对计算量比较大。

（2）硬注意机制：对每个输入项分配的权重非 0 即 1，只考虑哪部分需要关注，哪部分不需要关注，也就是直接舍弃一些不相关项。这种机制的优势在于可以减少一定的时间和计算成本，但有可能丢失一些本应该注意的信息。

（3）自注意力机制：对每个输入项分配的权重取决于输入项之间的相互作用，即通过输入项内部的"表决"来决定应该关注哪些输入项。这种机制在处理很长的输入时，具有并行计算的优势。

自注意力机制是 Transformer 模型的核心部件，该模型通过计算输入序列中每个位置的单词与其他所有位置单词的相关性，实现对整个句子的全局建模。多头自注意力则扩展了这一机制，使其能够从不同视角捕获并整合信息。

在自注意力层之后，模型通常会包含一个或多个全连接的前馈神经网络层，用于进一步提炼和组合特征，增强模型对复杂语言结构的理解和表达能力。

▶▶▶ 2.4.6　生成和理解

对于生成任务（如文本创作、对话系统），模型根据给定的初始文本或上下文，生成连续的、有逻辑的文本序列。这通常使用采样技术（如贪婪采样、核密度采样）实现，确保生成的文本既符合语法又具有连贯性。

而对于理解任务（如问答、情绪分析），模型需理解输入文本的深层含义，这依赖于模型在预训练和微调阶段学习到的语义理解能力。模型通过分析文本内容，提取关键信息并给出准确的响应或判断。

▶▶▶ 2.4.7　预训练过程与微调

预训练的目标通常是为了学习语言的普遍规律，模型被训练来预测给定序列中缺失的单词（如 BERT）或预测序列的下一个单词（如 GPT 系列）。在预训练阶段，模型在大规模的通用文本数据上进行训练，学习语言的基本结构和各种常识。海量的数据集可能源自互联网文本、图书、新闻、社交媒体等，旨在覆盖广泛的主题和语言风格。

模型通常采用 Transformer 架构，它通过自注意力机制处理输入序列，使得模型能够理解上下文依赖，而不仅是相邻单词的关系。模型使用如交叉熵损失函数来衡量预测错误的程度，并通过梯度下降等优化算法更新参数，以最小化损失函数。

LLM 被训练来解决通用（常见）的语言问题，如文本分类、问答、文档总结和文本生成等。

（1）文本分类：LLM 可以通过对输入文本进行分析和学习，将其归类到一个或多个预定义的类别中。例如，可以使用 LLM 来分类电子邮件是否为垃圾邮件，或将博客文章归类为积极文章、消极文章或中立文章。

（2）问答：LLM 可以回答用户提出的自然语言问题。例如，可以使用 LLM 来回答搜索引擎中的用户查询，或者回答智能助手中的用户问题。

（3）文档总结：LLM 可以自动提取文本中的主要信息，以生成文档摘要或摘录。例如，可以使用 LLM 来生成新闻文章的概要，或从长篇小说中提取关键情节和事件。

（4）文本生成：LLM 可以使用先前学习的模式和结构来生成新的文本。例如，可以使用 LLM 来生成诗歌、短故事，或者具有特定主题的文章。

以训练狗为例，可以训练它坐、跑、蹲和保持不动。但如果训练的是警犬、导盲犬和猎犬，则需要使用特殊的训练方法。LLM 的训练采用类似的思路。预训练完成后，在微调阶段，模型可以在特定任务上进行微调，在更小、带有标签的数据集上进行进一步的训练，使模型适应特定的语言理解和生成任务。这个数据集通常针对某个特定任务或领域，例如医学文本、法律文本，或特定的对话数据。微调可以让模型更好地理解和生成这个特定任务或领域的语言，从而更好地完成特定的任务。

根据任务类型，可能需要调整模型的输出层。例如，在分类任务中，最后的输出层会设计为输出类别概率；在生成任务中，则可能使用 softmax 函数来预测下一个单词。

2.5 LLM 的幻觉

LLM 的幻觉，是指 LLM 在回答问题或进行提示时，实际上并不会查阅其训练时接触到的所有词序列，这就意味着它们通常只能访问那些信息的统计摘要——LLM 可能 "知道" 很多词，但它们无法重现创建它们的确切序列。于是，LLM 就出现了幻觉，简而言之就是 "胡说八道"，从而导致模型生成的内容与现实世界事实或用户输入不一致的现象发生。

通常 LLM 很难区分现实和想象。至少目前来说，它们没有很好的方法来验证它们认为或相信可能是真实的事物的准确性。即使它们能够咨询互联网等其他信息来源，也不能保证它们会找到可靠的信息。

▶▶▶ 2.5.1 幻觉的分类

研究人员将 LLM 的幻觉分为事实性幻觉和忠实性幻觉。

（1）事实性幻觉是指模型生成的内容与可验证的现实世界事实不一致。比如问模型 "第一个在月球上行走的人是谁？"，模型回复 "查尔斯·林德伯格在 1951 年月球先驱任务中第一个登上月球"。实际上，第一个登上月球的人是尼尔·阿姆斯特朗。

事实性幻觉又可以分为事实不一致（与现实世界信息相矛盾）和事实捏造（完全不存在，无法根据现实信息验证）2 类。

（2）忠实性幻觉是指模型生成的内容与用户的指令或上下文不一致。比如让模型总结今年 10 月的新闻，结果模型却在说 2006 年 10 月的事。

忠实性幻觉可以细分为指令不一致（输出偏离用户指令）、上下文不一致（输出与上下文信息不符）、逻辑不一致（推理步骤以及与最终答案之间的不一致）3 类。

▶▶▶ 2.5.2 产生幻觉的原因

LLM 采用的数据是致使它产生幻觉的一大原因，其中包括存在数据缺陷、数据中捕获的事实知识的利用率较低等因素。具体来说，数据缺陷分为错误信息和偏见（如重复偏见、社会偏见）。此外，LLM 也有知识边界，所以存在领域知识缺陷和过时的事实知识。

实际上，即便 LLM 应用了大量的数据，也会在利用时出现问题。LLM 可能会过度依赖训练数据中的一些模式，如位置接近性、共现统计数据和相关文档计数等，从而导致出现幻觉。比如，如果训练数据中频繁共现 "加拿大" "多伦多"，那么 LLM 可能会错误地将多伦多识别为加拿大的首都。此外，LLM 还可能会出现长尾知识回忆不足、难以应对复杂推理的情况。

因此，不能过于迷信依靠人工智能模型自身能力解决问题。顶流人工智能模型的水平虽然高，但主要体现在语言与思维能力上。它们掌握的世界知识，其实仅是人类文明史里极少数意义重大的知识。浩如烟海的长尾知识散落在数字世界的各个角落。这些知识既难以规整成数据集，也无法让人工智能跟上它指数级增长的生产速度。长尾效应如图 2-3 所示。

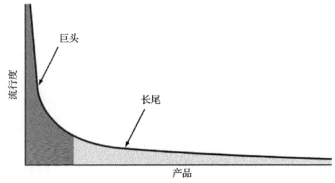

图 2-3　长尾效应

除了数据，训练过程也会使 LLM 产生幻觉。其中，主要是预训练阶段（LLM 学习通用表示并获取世界知识）、对齐阶段（微调 LLM 使其更好地与人类偏好一致）两个阶段会产生问题。

预训练阶段可能会存在以下问题。

（1）架构缺陷。基于前一个词元预测下一个词元的单向建模阻碍了模型捕获复杂的上下文关系的能力；自注意力模块存在缺陷，随着词元长度增加，不同位置的注意力被稀释。

（2）暴露偏差。训练策略也有缺陷，模型在推理时依赖于自己生成的词元进行后续预测，模型生成的错误词元会在整个后续词元中产生级联错误。

对齐阶段可能会存在以下问题。

（1）能力错位。LLM 内在能力与标注数据中描述的功能之间可能存在错位。当对齐数据需求超出这些预定义的能力边界时，LLM 会被训练来生成超出其自身知识边界的内容，从而放大幻觉的风险。

（2）信念错位。基于人类反馈强化学习等的微调，LLM 的输出更符合人类偏好，但有时模型会倾向于迎合人类偏好，从而牺牲信息的真实性。

LLM 产生幻觉的另一大原因是推理，它存在以下两个问题。

（1）固有的抽样随机性：在生成内容时根据概率随机生成。

（2）不完美的解码表示：上下文关注不足（过度关注相邻文本而忽视了源上下文）和 softmax 瓶颈（输出概率分布的表达能力受限）。

▶▶▶ 2.5.3　检测幻觉

研究人员给出了一份模型幻觉检测基准。

（1）检测事实性幻觉，有检索外部事实和不确定性估计两种方法。检索外部事实是将模型生成的内容与可靠的知识来源进行比较。基于不确定性估计的幻觉检测方法可以分为两类：基于内部状态的方法和基于行为的方法。基于内部状态的方法主要依赖于访问 LLM 的内部状态。例如，通过考虑关键概念的最小标记概率来确定模型的不确定性。基于行为的方法则主要依赖于观察 LLM 的行为，不需要访问其内部状态。例如，通过采样多个响应并评估事实陈述的一致性来检测幻觉。

（2）检测忠实性幻觉，有 5 种不同的方法。

① 基于事实的度量：通过测量生成内容和源内容之间事实的重叠程度来评估忠实性。

② 分类器度量：使用训练过的分类器来区分模型生成的忠实内容和幻觉内容。

③ 问答度量：使用问答系统来验证源内容和生成内容之间的信息一致性。

④ 不确定度估计：测量模型对其生成输出的置信度来评估忠实性。

⑤ 提示度量：让 LLM 作为评估者，通过特定的提示策略来评估生成内容的真实性。

▶▶▶ 2.5.4 减轻幻觉

研究人员根据致幻原因，总结了减轻现有幻觉现象的方法。

（1）针对数据相关的幻觉。减少错误信息和偏见的最直观的方法是收集高质量的事实数据，并进行数据清理以消除偏见。对于知识边界的问题，有两种流行方法：一种是知识编辑，即直接编辑模型参数弥合知识差距；另一种是通过检索增强生成技术利用非参数知识源。

（2）针对训练相关的幻觉。根据致幻原因，可以完善有缺陷的模型架构。在模型预训练阶段，研究人员试图通过完善预训练策略、确保更丰富的上下文理解和规避偏见来应对这一问题。比如，针对模型对文档式的非结构化事实知识理解碎片化、不关联，有研究将文档的每个句子转换为独立的事实，从而增强模型对事实关联的理解。此外，还可以通过改进人类偏好判断、激活引导，减轻对齐阶段的错位问题。

（3）针对推理相关的幻觉。不完美的解码通常会导致模型输出偏离原始上下文。研究人员探讨了两种策略：一种是事实增强解码，另一种是译后编辑解码。

此外，忠实度增强解码优先考虑与用户说明或提供的上下文保持一致，并强调增强生成内容的一致性。现有工作可以总结为两类，包括上下文一致性和逻辑一致性。有关上下文一致性的研究之一是上下文感知解码，通过减少对先验知识的依赖来修改输出分布，从而促进模型对上下文信息的关注。有关逻辑一致性的研究包括知识蒸馏框架，它用来增强链式思考提示中固有的自洽性。

【作业】

1．LLM 通过模仿人类语言的（　　　），极大提升了自然语言处理技术的能力，使得机器能够更准确地理解、生成和交互自然语言。

　　A．简洁性　　　　　　B．复杂性　　　　　　C．单一性　　　　　　D．直观性

2．1981 年，内德·布洛克构建了一个"Blockhead"假说——假定科学家通过编程，在 Blockhead 内预先设定好了近乎所有问题的答案。这样的系统被哲学家一致认为（　　　）智能的标准。

　　A．等同于　　　　　　B．接近于　　　　　　C．不符合　　　　　　D．符合

3．人们在评估 LLM 时存在一个关键问题：它的训练集中可能包含评估时使用的测试问题，这被称为"（　　　）"，这些是应该在评估前予以排除的问题。

　　A．数据污染　　　　　B．数据挖掘　　　　　C．典型数据　　　　　D．标准数据

4．研究指出，LLM 不仅可以简单地复述其提示的或训练集的大部分内容，还可以灵活地融合来自训练集的内容，产生（　　　）。

　　A．数据污染　　　　　B．测试数据　　　　　C．标准答案　　　　　D．新的输出

5．许多经验主义哲学家提出，能够灵活复制先前经验中的抽象模式，可能是（　　　）的基础。

① 智能　②复制　③ 创造力　　④ 理性决策

　　A．②③④　　　　　　B．①②③　　　　　　C．①③④　　　　　　D．①②④

6.（　　）是一种基于深度学习技术的人工智能模型，具有大规模参数和复杂结构，其设计目的是理解和生成类似于人类语言的自然语言。

  A．生成器   B．大语言模型   C．语言词典   D．训练集

7．LLM通过在海量文本数据上进行训练，能够学习到语言的（　　），从而在多种自然语言处理任务中展现卓越性能。

  ① 字典 ② 复杂结构 ③ 语义 ④ 上下文依赖

  A．②③④   B．①②③   C．①②④   D．①③④

8．LLM的"大"主要有（　　）两层含义。它们使得模型能够学习和表示语言中细微且非常复杂的模式，并且在互联网、图书、新闻等各种来源的大规模文本数据上进行训练。

  ① 模型的参数数量   ② 模型参数的精确度

  ③ 训练数据的规模   ④ 训练数据的维度

  A．③④   B．①②   C．②④   D．①③

9．在LLM中，"通用"这个词描述的是模型的（　　）。通用语言模型在预训练时使用了来自各种领域的数据，因此只需进行少量额外训练或调整，就能够处理下游各种类型的任务。

  A．数值精度   B．数据冗余度   C．应用范围   D．数据适用性

10．除了采用深度学习架构，模型"大"而"通用"之外，LLM的核心特征还包括（　　）。

  ① 无监督预训练   ② 生成与理解并重

  ③ 持续学习与适应性 ④ 计算精度高误差小

  A．②③④   B．①②③   C．①②④   D．①③④

11．通过深度学习和海量数据训练，LLM实现了对自然语言的深度理解与生成，其工作原理涉及（　　）。

  ① 复杂的数学模型   ② 对伦理和社会影响的深刻考量

  ③ 科学计算的精度   ④ 优化算法

  A．①②④   B．①③④   C．①②③   D．②③④

12．（　　）模型的发展是自然语言处理历史上的一个转折点，为基于大型语料库中的统计分布在连续向量空间中表示语言单元提供了强大而高效的手段。

  A．逻辑   B．基础   C．词嵌入   D．上下文

13．训练一个LLM可能非常耗时且花费高昂，这些训练程序通常被称为"（　　）"，它们可以作为许多不同类型专业LLM的基础。

  A．逻辑组件   B．基本组件   C．复杂模型   D．基础模型

14．（　　）机制是Transformer模型的核心部件，该模型通过计算输入序列中每个位置的单词与其他所有位置单词的相关性，实现对整个句子的全局建模。

  A．逻辑关注   B．自注意力

  C．伪注意力   D．上下文注意力

15．LLM可以进行预训练，然后针对特定目标进行（　　）。它被训练来解决通用的语言问题，如文本分类、问答、文档总结和文本生成等。

  A．微调   B．泛化   C．扩展   D．集成

16．通用语言模型在预训练时使用了来自各种领域的数据，因此只需进行少量额外训练或调整，就能够处理下游各种类型的任务，这些模型在处理新的、未见过的任务时具有很强的（　　）能力。

  A．微调   B．泛化   C．扩展   D．集成

17. LLM 的（　　），是指 LLM 在回答问题或进行提示时，通常只能访问那些信息的统计摘要，从而导致模型生成的内容与现实世界事实或用户输入不一致的现象发生。

　　A．突变　　　　　　　　B．估算　　　　　　　　C．跃迁　　　　　　　　D．幻觉

18. LLM 采用的数据是致使它产生幻觉的一大原因，其中包括存在数据缺陷、数据中捕获的事实知识的利用率较低等因素。具体来说，数据缺陷分为（　　）。

　　① 知识边界　② 数量不足　③ 错误信息　④ 偏见

　　A．①③④　　　　　　B．①②④　　　　　　C．①②③　　　　　　D．②③④

【研究性学习】基于 ChatGPT 的免费工具：ChatAI 组件

　　以 GPT 为代表的人工智能技术逐渐应用在我们的生活、学习和工作中。然而，由于网络管理等因素，很多人无法注册和使用 GPT 系统。WeTab 是一款功能强大、个性化定制性强、内置丰富小组件的浏览器扩展软件。它支持桌面网页端（见图 2-4）和移动端，有许多实用的可以帮助提高工作和生活效率的工具，例如笔记、待办事项、天气、纪念日、倒计时、热搜榜等。相关小组件可以自由布局和自定义样式，让用户主页变得更加个性化和实用。

图 2-4　WeTab 网页版主页

　　WeTab 内置的 ChatAI 组件可以为用户提供稳定、方便的聊天体验。开发者调用 ChatAI 的 API（Application Program Interface，应用程序接口），可以免费、随时使用 ChatAI。

1．实验目的

（1）熟悉 WeTab 浏览器扩展软件，了解此类软件存在的意义及其作用。

（2）熟悉通过 WeTab 的 ChatAI 组件调用 ChatGPT 大模型。

（3）熟悉 ChatAI 组件，熟练使用 ChatGPT 的主要功能。

2．工具/准备工作

在开始本实验之前，请认真阅读课程的相关内容。

需要准备一台带有浏览器、能够访问互联网的计算机。

 第 2 章　什么是 LLM

27

3. 实验内容与步骤

（1）熟悉 WeTab

打开计算机，进入网页浏览器主页。简单浏览和感受 WeTab 浏览器扩展软件的功能和作用。

请记录：

请分析和简述浏览器扩展软件与你所熟悉的浏览器软件有什么不同？

答：_____

_____

_____

（2）熟悉 ChatAI

在网页浏览器界面中直接打开 ChatAI，就可以找到并调用 ChatAI 组件（见图 2-5）。注意 ChatAI 组件的操作界面中的"选择插件"，此处有多个 LLM 可选择。这些 LLM 源打开即用，无须注册和登录，不存在网络问题，也不用担心费用。

图 2-5　ChatAI 组件的操作界面

例如，选择 Chat-3.5 组件之后，在图 2-5 所示界面的下方输入问题，开始和 AI 对话。

问：如何才能免费访问 ChatGPT？

答：系统回复如图 2-6 所示。

请记录：

请自行选择感兴趣的问题，来"检测"LLM 的智商。

图 2-6　系统回复

建议通过插件切换不同的 LLM，查看同一问题不同模型的回复内容，尝试找出不同模型的功能区别。请记录你的 LLM 实践体会。

答：_____

_____

_____

_____

（3）支持用户自定义添加新的 LLM 源。

除了 OpenAI 的 GPT-3.5 和 GPT-4 等人工智能 LLM 之外，陆续出现了很多优秀的 LLM 产品。如果你发现一些新的 LLM 源，可以尝试自行添加链接和名称，以期调用体验。请记录你的添加尝试。

答：_____

_____

_____

4. 实验总结

_____

_____

_____

_____

5. 实验评价（教师）

_____

_____

_____

第 3 章
熟悉 AIGC

　　AIGC 是指利用人工智能技术，特别是机器学习、深度学习等方法，自动生成各种形式的内容，如文字、图像、音频、视频等。这些内容可以是创意性的，比如艺术作品、音乐、文章；也可以是实用性的，比如新闻报道、产品描述、个性化推荐信息等。AIGC 的核心优势在于其能够基于大量的数据学习模式，自动创作新的内容，这在很大程度上提高了内容生产的效率和个性化程度。

　　应用 AIGC 的关键步骤一般包括：数据收集、模型训练、内容生成和后期优化。通过这些步骤，人工智能系统能够理解特定主题、风格或用户偏好，进而生成符合要求的内容。

　　AIGC 的应用场景广泛，从媒体和娱乐行业到教育、广告、电商、个人助理等多个领域，都在探索如何利用这一技术来提升用户体验、创造新价值。随着技术的不断进步，AIGC 的潜力持续增长，对社会经济活动和个人生活方式的影响也日益显著。

3.1　什么是 GAI

　　生成式人工智能（Generative AI，GAI）是近年来备受瞩目的技术领域，它利用了深度学习和大数据等技术，能够自主生成全新的、具有创新性的内容。

▶▶▶ 3.1.1　定义 GAI

　　GAI 是人工智能的一个分支，是一种基于机器学习的方法，它通过学习大量数据，能够生成与原始数据相似的全新内容。这种技术可以应用于多个领域，如 NLP、图像生成、音频合成等。

　　与传统的判别式人工智能相比，GAI 更注重创造和生成，而非简单的分类和识别。它专注于学习现有数据集的模式并基于这些模式创造新的、之前不存在的内容。这种技术使得机器能够模仿创造性过程，生成包括但不限于文本、图像、音频和视频的各种类型的内容。GAI 通过深度学习网络，如变分自编码器（Variational AutoEncoder，VAE）、生成对抗网络（Generative Adversarial Network，GAN）或 Transformer 模型（如 ChatGPT）等，来实现以上目标。

　　GAI 的主要应用场景如下。

（1）文本生成：可以生成各种类型的文本，如新闻报道、小说、诗歌等。这种技术可以大大提高文本创作的效率和质量，为内容创作者提供更多的灵感和选择。

（2）图像生成：能够根据用户的描述或用户输入的关键词，生成符合要求的图像。这种技术在设计、艺术等领域具有广泛的应用前景。

（3）音频合成：可以模拟各种声音，生成逼真的语音、音乐等音频内容。这对于语音助手、音乐创作等领域具有重要意义。

GAI 的未来发展趋势包括如下方面。

（1）技术创新：随着深度学习、强化学习等技术的不断发展，GAI 的性能将得到进一步提升。未来，我们可以期待更加高效、精准的 GAI 模型的出现。

（2）应用拓展：GAI 将在更多领域得到应用，包括虚拟现实、增强现实、自动驾驶等。这些应用将进一步提升 GAI 的实用价值和社会影响力。

（3）伦理挑战：随着 GAI 的普及，我们需要关注其可能带来的伦理挑战。例如，如何确保生成的内容符合道德和法律要求，如何保护原创作品的权益等。

作为一种新兴的技术领域，GAI 带来了许多创新和机遇，具有广阔的应用前景和巨大的发展潜力。但是，GAI 也存在一些潜在的风险和挑战，因此需要在推进 GAI 应用的同时，不断创新和完善 GAI 技术，加强风险管理和监管，推动其健康、可持续发展。

首先，对于 GAI 生成的内容需要建立有效的审核机制，确保其内容符合法律法规和道德标准。同时，需要加强对原创作品的保护，防止侵权行为的发生。

其次，我们还需要关注 GAI 的滥用问题。例如，一些人可能会利用 GAI 生成虚假信息或进行恶意攻击。因此，我们需要加强技术监管和法律制约，防止 GAI 被用于非法活动。

最后，我们还需要加强公众对 GAI 的认知和了解，通过普及相关知识，提高公众的辨识能力和风险意识，以更好地应对 GAI 带来的挑战和风险。

总之，GAI 是一个充满机遇和挑战的领域。通过深入了解其基本概念、主要应用场景以及未来发展趋势，我们可以更好地把握这一技术的发展脉搏，为未来的创新和发展提供有力支持。

▶▶▶ 3.1.2 GAI 与 AIGC 的关系

GAI 与 AIGC 这两个概念紧密相关，可以说，GAI 的发展推动了 AIGC 的多样化和普及化，AIGC 是 GAI 的一个具体应用方向，在很多语境下，AIGC 被用于指代 GAI。

GAI 的核心能力在于创造、预测、转换和补全信息。而 AIGC 则更侧重于描述由 GAI 技术产出的实际成果，即由人工智能系统自动生成、具体创造出来的作品内容本身，包括简单的文本创作、图像合成以及复杂的音乐生成、视频剪辑等，这些作品展现了人工智能在创意表达方面的潜能。因此，GAI 是底层的技术框架和方法，而 AIGC 是这些技术应用的结果，体现了这些技术在实际场景中的应用价值和社会影响，两者之间存在一种从技术到产品的逻辑联系。

定义 AIGC

3.2 定义 AIGC

从用户生成内容到专业生成内容，再到 AIGC，我们看到了内容创作方式的巨大变革和进步。AIGC 是 NLP 模型的一种重要应用，由人工智能技术来自动创作并生成内容，比如生成图形、图像、视频、音乐、文字（如文章、短篇小说、报告）等。通过深度学习与 NLP 的创新融合，AIGC 就像一支神奇的画笔，拥有无限的创造力。AIGC 可以利用人工智能的理解力、想象力和创作力，根据指定的需求和风格，创作出各种内容。例如 ChatGPT、通义千问等智能系统，AIGC 的出现打开了一个全新的创作世界，为人们提供了无数的可能性，重塑了信息时代的内容创作生态，甚至让人难以分清内容背后的创作者到底是人还是人工智能。

与 AIGC 相关的人工智能领域术语之间的关系如图 3-1 所示，它们共同构成了 AIGC 的核心要素。

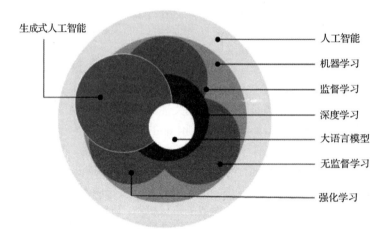

图 3-1　与 AIGC 相关的人工智能领域术语之间的关系

》》》3.2.1　内容孪生

内容孪生主要分为内容增强与转译。增强即对数字内容进行修复、去噪、细节增强等，转译即对数字内容进行转换（如翻译等）。该技术旨在将现实世界中的内容进行智能增强与智能转译，更好地完成现实世界到数字世界的映射。例如，我们拍摄了一张低分辨率的图片，通过智能增强中的图像超分可提高分辨率，同时增强图像的细节信息，生成高清图。再如，对于老照片中的像素缺失部分，可通过智能增强技术进行内容复原。而智能转译则更关注不同模态之间的相互转换。比如，在录制一段音频后，可通过智能转译技术为其自动生成字幕；再如，输入一段文字可以自动生成语音。这两个例子均为模态间智能转译的应用。

内容孪生的应用主要有语音转字幕、文字转语音、图像超分等。其中，图像超分是指利用光学及其相关知识，根据已知图像信息恢复图像细节和其他数据信息的过程，简单来说就是增大图像的分辨率，防止其图像质量下降。

》》》3.2.2　内容编辑

内容编辑是通过对内容的理解以及属性控制，实现对内容的修改的。例如，在计算机视觉领域，通过对视频内容的理解实现不同场景视频片段的剪辑；通过对人体部位进行检测以及对目标衣服进行变形控制与截断处理，将目标衣服覆盖至人体部位，实现虚拟试衣。在语音信号处理领域，通过对音频信号进行分析，实现人声与背景声分离。以上例子都是在理解数字内容的基础上对内容的编辑与控制。

智能数字内容生成是从海量数据中学习抽象概念，并通过概念的组合生成全新的内容。例如，人工智能绘画是从海量绘画中学习作品不同笔法、内容、艺术风格，并基于学习内容重新生成特定风格的绘画。采用此方式，人工智能在文本创作、音乐创作和诗词创作中取得了不错的表现。再如，在跨模态领域，通过输入文本输出特定风格与属性的图像，不仅能够描述图像中主体的数量、形状、颜色等属性信息，而且能够描述主体的行为、动作以及主体之间的关系。

3.2.3 内容理解

随着人工智能技术的迅猛发展，我们见证了其从基础算法到复杂应用场景的跨越式进步。从简单的数据分析到复杂的决策支持，人工智能似乎无所不能。然而，在这波技术革新浪潮中，人工智能所面临的真正挑战正逐渐从形式化学习转向内容理解。

当前，大多数人工智能系统，特别是深度学习模型，主要依赖于对海量数据的形式化学习。这些模型通过识别数据中的模式和关联来做出预测或决策。然而，采用这种学习方式的局限性在于，模型往往缺乏对数据背后含义的深入理解和洞察。以图像和视频内容的理解为例，即使一个图像识别系统能够准确地识别出一只水豚，它却并不真正理解"水豚"这一概念所包含的深层含义，如水豚的生活方式、性格特点等。

对于大数据和深度学习的局限性，有研究者认为："数据都基于形式化的处理，被简化为 0～1 的编码序列，无法真实反映其背后的内容。深度学习模型基于这样的数据进行训练，同样缺乏对内容的深入理解，因此不具备真正的理解能力。"这一观点揭示了当前人工智能领域所面临的挑战——如何推动人工智能系统实现对数据深层含义的真正理解。

换言之，以上观点指出通过深度学习所学习到的仅是形式上的关联和模式，并不涉及内容上的因果关系。对人工智能而言，真正的"智能"不仅要能够处理形式上的关联和模式，更重要的是要能够理解数据、信息和知识背后的深层内容。只有这样，人工智能才能做出具有智能水平的决策。

这意味着，人工智能系统需要具备一种类似于人类认知的能力，这种能力不仅是指对数据的整理、归纳和对有效信息的提取，更重要的是指能够将这些信息与相应领域的知识库进行深度融合，从而实现对数据的真正理解。例如，在自动驾驶领域，人工智能系统需要具备对来自摄像头、激光雷达等多种传感器的数据的实时处理能力，但仅识别出车辆、行人和其他障碍物还远远不够，系统需要能够理解这些物体之间的关系，预测它们的行为。同时，系统还需要融合对道路规则、交通信号和车辆动力学等知识的深入理解，才能在复杂的交通场景中做出安全合理的决策。

为实现从形式化学习到内容理解的转变，有研究者主张对人工智能领域研究实行"范式大变革"。他们认为学科的范式（科学观与方法论）是指导学科研究的最强力量。然而，作为信息学科高级篇章的人工智能却遵循着物质学科的范式，这导致人工智能的研究严重受限。用"物质学科的范式"来指导"信息学科的研究"，人工智能的研究只能按照"分而治之""纯粹形式化"的方法论得出各种局部的、孤立的、碎片式的、智能水平低下的、不可解释的，而且需要使用大规模样本的研究成果。

3.3 AIGC 多模态生成技术

AIGC 多模态生成技术是指能够处理、理解和生成跨越多种数据形式（如文本、图像、音频、视频等）的能力，即多种模态之间可以组合搭配，进行模态转换和生成（见图 3-2）。这种技术通过整合不同模态的信息，实现了更加复杂和真实的内容生成，例如，文本生成图像（人工智能绘画、根据提示语生成特定风格图像）、文本生成音频（人工智能作曲、根据提示语生成特定场景音频）、文本生成视频（人工智能视频制作、根据一段描述性文本生成语义内容相符的视频片段）、图像生成文本（根据图像生成标题、根据图像生成故事）、图像生成视频等。随着技术的进步，AIGC 多模态生成技术正逐步成为推动媒体、教育、娱乐、电商等多个行业创新、发展的关键技术。

图 3-2　多模态生成示意

AIGC 多模态生成技术的一些关键技术点如下。

（1）多模态嵌入：一种将不同模态的数据转换成统一的高维向量表示的方法，使得模型能够理解不同模态间的关联性，为跨模态生成和分析打下基础。

（2）跨模态交互学习：模型通过联合训练，学习不同模态之间的相互影响，提高生成内容的相关性和协调性，比如根据文本描述生成匹配的图像或视频。

（3）多任务学习：在一个模型中同时处理多个生成任务，每个任务可能对应不同的模态，这样模型可以共享知识，从而提升整体性能。

（4）注意力机制与 Transformer 架构：这些技术允许模型在处理多模态数据时，有效聚焦于重要部分，提高生成内容的质量和准确性。

AIGC 多模态生成技术的一些应用实例如下。

（1）文本到图像生成：如 DALL·E 系列模型，用户输入文本描述，模型能生成与之匹配的图像（见图 3-3），这在设计、艺术、广告等行业有广泛应用。

图 3-3　DALL·E 绘画示例

（2）视频生成：基于脚本或简短描述生成完整视频片段，可用于快速内容创作、新闻摘要生成、个性化视频广告生成等。

（3）语音合成与翻译：将文本转换为自然流畅的语音，或者在不同语言之间进行语音翻译，提升多语言内容的可达性和交互性。

（4）虚拟助理与客户服务：结合语音识别、语义理解与生成回答，创建更加智能和人性化的助理与客服系统，提升用户体验。

（5）教育内容创作：生成包含图像、声音、文字等多种元素的互动教学材料，适应不同学习风格，提升教育效果。

（6）娱乐与游戏：生成动态游戏场景、角色对话、背景音乐等，丰富游戏内容和用户体验。

（7）无障碍服务：如为视障人士将图像转述为详细的语音描述，或为听障人士将语音转换为字幕，增强信息的可访问性。

3.4 AIGC 的应用场景

AIGC 的应用场景广泛且多样，覆盖了多个行业和领域，其产业生态体系的 3 层架构如图 3-4 所示。它的典型应用场景大致可以分为文本生成、音频生成、图像生成、视频生成等方面。

图 3-4　AIGC 产业生态体系的 3 层架构

▶▶▶ 3.4.1　典型应用场景

AIGC 技术具有强大的创造性和自动化能力，其典型应用场景如下。

（1）文本生成：根据使用场景，基于 NLP 的文本内容生成可分为非交互式文本生成与交互式文本生成。非交互式文本生成包括摘要/标题生成、文本风格迁移、文章生成、图像生成文本等。交互式文本生成主要包括聊天机器人、文本交互游戏等。AIGC 能够根据特定主题或情境生成文章、故事、新闻报道、诗歌等文本内容，提高内容创造的效率和多样性，例如使用 ChatGPT 等工具进行自动文案撰写。

（2）音频生成：AIGC 在音乐和音频制作领域的相关技术较为成熟。AIGC 用于音乐创作软件和自动配音工具，可以生成音乐作品、音效、播客内容，甚至合成逼真的人声，实现语音克隆，如将人声 1 替换为人声 2 等。AIGC 还可以应用于基于文本生成特定场景语音，如数字人播报、语音客服等。此外，AIGC 可基于文本描述、图片内容理解生成场景化音频、乐曲等。

（3）图像生成：AIGC 可进行绘画创作，生成各种风格的艺术作品、插图、设计图样，如通过 Stable Diffusion、Midjourney 等工具创作独一无二的视觉艺术作品。根据使用场景，图像生成可分为图像编辑与图像自主生成。图像编辑可应用于图像超分、图像修复、人脸替换、图像去水印、图像背景去除等。图像自主生成包括端到端的生成，如真实图像生成卡通图像、参照图像生成绘画图像、真实图像生成素描图像、文本生成图像等。

（4）视频生成：它与图像生成在原理上相似，主要分为视频编辑与视频自主生成。视频编辑可应用于视频超分（视频画质增强）、视频修复（老电影上色、画质修复）、视频画面剪辑（识别画面内容，自动场景剪辑）等。视频自主生成可应用于图像生成视频（给定参照图像，生成一段运动视频）、文本生成视频（给定一段描述性文字，生成与内容相符的视频），能够自动生成短视频、广告、电影预告片等内容，具有剪辑、特效应用、智能编排，以及根据剧本生成动态画面等功能。

（5）代码生成：根据功能描述自动生成或优化编程代码，帮助开发者提高工作效率，减少错误，加速软件开发流程。

（6）游戏开发：在游戏产业中，AIGC 可用于角色设计、场景生成、游戏测试，以及增强 NPC（None-Player Character，非玩家角色）的交互智能化，提升游戏体验和开发效率。

（7）金融行业：AIGC 可应用于风险评估、交易策略制定、投资决策支持、个性化金融服务推荐、智能客服等领域，同时需注意数据安全和隐私保护。

（8）医疗健康：AIGC 可在疾病预测、辅助诊断、个性化治疗方案推荐、药物发现与研发等方面发挥作用，通过学习医疗大数据提供更为精准的医疗服务。

（9）电商零售：AIGC 可用于实现个性化商品推荐、智能客服、基于用户行为的广告投放、物流优化等，以提升顾客体验和销售效率。

（10）社交网络：AIGC 可用于聊天机器人开发、语音识别、内容审核、情绪分析等功能，优化用户交流体验，提高平台内容质量和安全性。

（11）教育与培训：AIGC 可用于定制化学习材料生成、智能辅导、课程内容创作，以及交互式学习体验的设计等，以适应不同学习者的需求。

这些典型应用场景展示了 AIGC 技术在促进内容创作、提高工作效率、增强用户体验等方面的巨大潜力，同时也预示着在 Web 3.0 和"元宇宙"时代，AIGC 将成为内容生成和创意传播的重要驱动力。

▶▶▶ 3.4.2　Web 3.0

中心化网络已经帮助数十亿人融入互联网，并在其上创建了稳定、可靠的基础设施。Web 3.0 采用去中心化方式，由所有用户构建、运营和拥有。Web 3.0 将权力赋予个人而非公司。

1. Web 的发展

今天大多数人所熟知的互联网与人们最初的想象有很大不同。

Web 1.0：只读。1989 年，在日内瓦的欧洲核子研究中心，蒂姆·伯纳斯-李正忙于开发将成为万维网的协议。他的想法是创建一种开放的去中心化协议，在地球上任何角落都能实现信息共享。蒂姆·伯纳斯-李创造的第一个万维网雏形现在被称为"Web 1.0"，它主要由公司拥有的静态网站组成,用户之间的互动几乎为零——个人很少创造内容,因而它被称为只读网络(见图 3-5)。

图 3-5　客户端/服务器架构,代表 Web 1.0

Web 2.0:能读能写。随着社交媒体平台的出现,Web 2.0 时期于 2004 年开启。网络不再是只读的,它演变成读写网络(见图 3-6)。互联网公司除了向用户提供内容外,还开始提供平台来共享用户生产的内容,并参与用户间的交互。随着越来越多的人上网,少数互联网巨头开始掌控网络上海量的流量和价值。Web 2.0 还催生了广告驱动的盈利模式。虽然用户可以创作内容,但他们并不拥有内容或通过将内容变现来获益。

图 3-6　客户端/服务器架构,代表 Web 2.0

Web 3.0:能读能写能拥有。2014 年,以太坊推出后不久,以太坊联合创始人加文·伍德就提出了 "Web 3.0" 的前提。加文·伍德为许多早期加密技术采用者所面临的问题,即互联网需要过多的信任,提供了一种解决方案(见图 3-7)。也就是说,今天人们所知道和使用的大部分网络服务都依赖于对少数私人公司的信任,期待它们能以公众的最佳利益行事。

图 3-7　去中心化节点架构,代表 Web 3.0

Web 3.0 是互联网演进的一个设想阶段,它代表了互联网技术和服务的下一个重大变革。Web 3.0 旨在创建一个更加公平、透明和用户友好的互联网环境,其中,用户不仅是内容的消费者,更是自己数字生活的主宰者。

2. Web 3.0 的关键特征和目标

与前两代互联网相比，Web 3.0 有以下几个关键特征和目标。

（1）去中心化：Web 3.0 的核心在于其去中心化的特性，这主要是通过区块链技术实现的。在 Web 3.0 中，信息和数据不再集中存储于少数几个大型服务器或"中心"，而是分布在网络的众多节点上。这种结构减少了系统对单一实体的依赖，增加了系统的透明度和安全性。

（2）用户控制和所有权：用户能够在 Web 3.0 中拥有并控制自己的数据和数字资产。通过使用加密货币、非同质化代币（Non-Fungible Token，NFT）等，用户能够证明他们对数字内容的所有权，并有可能从中获得收益。这意味着权力从传统的平台所有者转移到了内容创作者和消费者手中。

（3）语义网：虽然早期关于 Web 3.0 的讨论中经常提及"语义网"（它是一个让机器可以理解和解析数据的网络），但在当前 Web 3.0 的讨论中，这个概念并不是重点。现在的 Web 3.0 更多强调的是去中心化和数据自主权。

（4）增强隐私和安全：通过加密技术和分散的数据存储，Web 3.0 旨在提高用户隐私保护，减少数据泄露和滥用的风险。

（5）互操作性和开放标准：Web 3.0 鼓励不同平台和服务之间的无缝集成，使得用户可以跨平台携带他们的数据、身份和资产，提高了互联网的灵活性和运行效率。

（6）与新兴技术的结合：Web 3.0 与元宇宙、人工智能、物联网（Internet of Things，IoT）等技术的结合，预示着一个更加沉浸式、智能化和互联的数字未来。

▶▶▶ 3.4.3 元宇宙

术语"元宇宙"被用来描述一个集体虚拟共享空间，它通过数字技术将现实世界与虚拟世界深度融合，创造一个具有持续存在性、可以实时交互的三维虚拟环境（见图 3-8）。这个概念超越了传统的电子游戏或虚拟现实应用，它旨在建立一个全面运行的经济体系和社会体系，在其中，用户不仅可以进行娱乐和社交，还能进行工作、交易、学习和内容创造等活动。

图 3-8　元宇宙涉足的空间

元宇宙的关键特点如下。

（1）沉浸式体验：元宇宙利用增强现实（Augmented Reality，AR）、虚拟现实（Virtual Reality，VR）以及未来可能出现的感官模拟技术，为用户提供仿佛置身于真实世界的感受。

（2）持久性与实时性：元宇宙作为一个持续存在的虚拟世界，不受现实世界时间或地点的限制，且能实时反映用户的活动和变化。

（3）开放性与互操作性：理论上，元宇宙应当支持各种平台和设备访问，允许用户带着他们的虚拟资产从一个虚拟空间转移到另一个，并保持数字身份和物品的一致性。

（4）经济体系：元宇宙内置经济模型，用户可以创造、购买、出售数字商品和服务，甚至可能有自己的货币和金融系统，如使用区块链技术和加密货币。

（5）社交存在：用户可以通过虚拟化身（Avatar）在元宇宙中建立社交联系，参与社区活动，形成虚拟社会结构和文化。

（6）用户生成内容：元宇宙鼓励用户创造自己的内容和体验，从艺术品到游戏，再到教育课程，每个人都能成为创造者和贡献者。

尽管元宇宙仍处于发展初期，但它预示着互联网的下一个进化阶段，可能会深刻改变人们的生活方式、工作模式和社交互动方式。

▶▶▶ 3.4.4　AIGC 常用工具（平台）

（此处为页边栏）第 3 章　熟悉AIGC

AIGC 的工具种类繁多，涵盖文本、图像、音频、视频等多个领域。一些 AIGC 常用工具在各自的领域内因创新性和实用性而受到欢迎，这些工具持续推动着内容创作的边界扩大。选择适合自己的工具，可以极大地提高创作效率和创新能力。不过，值得注意的是，由于技术的快速发展，新的工具和服务不断涌现，建议关注技术发展动态。

1．文本生成

（1）ChatGPT（OpenAI）：强大的聊天机器人，能够进行多轮对话、提供信息、创作故事和代码等。

（2）Notion AI：专注于提升笔记和文档编写的效率，利用 AI 辅助内容创作和组织。

（3）Character AI：允许用户与 AI 生成的虚拟人物进行互动对话，增加了人机交互的趣味性和深度。

（4）讯飞听见：语音转文字服务，适用于会议记录、播客制作等。

2．图像生成

（1）DALL·E（OpenAI）：图像生成模型，能够根据文本描述创造独特的图像和艺术作品。

（2）Stable Diffusion：开源的 AI 图像生成器，支持多种风格和类型的图像创作。

（3）Pixso AI：国产在线设计工具，集成了 AI 功能，能够帮助设计师快速生成和编辑设计元素。

3．音频生成

（1）MusicLM（谷歌）：能够生成具有连贯结构和特定风格的音乐片段。

（2）Amper Music：允许用户通过简单的界面创建定制的音乐曲目，适用于视频配乐等应用。

（3）AIVA：创作古典音乐的 AI 平台，适用于电影配乐、广告背景音乐制作等。

4．视频生成

（1）Gen-2：支持基于文本生成视频，可创建具有特定主题或风格的短片。

（2）Reelskit：专为短视频创作者设计，能够利用 AI 快速生成吸引人的视频内容。

5. 协同办公与创意辅助

（1）腾讯文涌、WPS AI：提供智能化的写作辅助，包括语法检查、灵感激发等功能。

（2）Pixso：在线协同设计工具，不局限于 AI 生成，还提供了全面的设计协作功能。

AIGC 的使用方法

3.5 AIGC 的使用方法

AIGC 的使用方法依赖于具体的应用场景和技术平台，具体步骤可能会根据所使用的软件或平台的界面和指南有所不同，因此查阅相应工具（平台）的帮助文档和教程是非常有必要的。在实际操作时，通常涉及的关键步骤如下。

步骤 1：选择合适的 AIGC 工具（平台）。

（1）文本生成：OpenAI 的 GPT 系列模型、阿里云的通义千问等模型可以生成文章、故事、诗歌、对话等。

（2）图像生成：DALL·E、Stable Diffusion、Midjourney 等能够根据文本描述生成图片、插画或艺术作品。

（3）音频生成：Amper Music、AIVA 等平台能够生成定制的音乐片段或音效。

（4）视频生成：Reelskit 等工具可以根据脚本和视觉风格要求生成短视频内容。

步骤 2：定义任务。明确要生成的内容类型、风格、主题等。例如，如果要生成一幅画，就需要确定画的风格（如印象派、抽象派）、主题（风景、人物）、颜色搭配等。

步骤 3：输入指令或参数。

（1）对于文本生成，你可能需要输入一个提示或开头的几句话。

（2）对于图像生成，通常需要一段描述性的文本，告诉 AI 你想要获得的画面内容。

（3）对于音频和视频生成，除了文字描述外，还可能需要指定时长、情感倾向等。

步骤 4：调整设置与优化参数。大多数 AIGC 工具允许用户调整生成内容的细节，比如创造性程度、分辨率、风格混合等。通过试错和参数微调，可以得到更满意的结果。

步骤 5：生成与检查。提交要求后，AIGC 会根据你的要求生成内容。生成完成后，检查内容是否符合预期，有时可能需要多次迭代调整以达到最佳效果。

步骤 6：使用与分发。一旦生成满意的内容，就可以根据需要使用，比如发布在社交媒体、嵌入项目、进行进一步的编辑和加工等。

此外，还需要注意以下事项。

（1）版权与伦理：确保生成内容的使用符合版权相关的法律法规，尊重原创，避免侵犯隐私或触碰伦理界限。

（2）质量与偏见：尽管 AIGC 技术日益成熟，但生成内容可能仍存在质量波动或隐含偏见，使用时需谨慎评估。

（3）技术限制：理解并接受当前技术的局限性，不是所有创意都能完美实现。

3.6 案例：国内 10 款 LLM 产品测评

国内的 IT 大厂基本上都研发和推出了自己的多功能 LLM 产品。针对各种各样的 LLM，为帮助用户进行分析与选择，本节从 6 个维度来测评国内的 10 款 LLM 产品。

▶▶▶ 3.6.1　模型选择

本节主要分析国内使用率比较高的通义千问、文心一言、Kimi 等 LLM 产品（表 3-1），通过日常生活、工作流程等方式来对它们进行对比。

表 3-1　国内 10 款 LLM 产品对比

序号	产品名称	主创公司	是否有智能体	模型类型	说明
1	通义千问	阿里	有	LLM	全能 AI 助手，涉及问答、生活、办公、个性智能体、丰富活动、趣味互动
2	文心一言	百度	有	LLM	与人对话、互动，解答问题，协助创作，高效、便捷地帮助人们获取信息、知识和灵感
3	Kimi	月之暗面	无	LLM	信息整理与汇总、学习与研究、工作助手、语言翻译、角色扮演
4	豆包	字节跳动	有	LLM	聊天机器人、写作助手、英语学习助手、多轮对话、信息获取、语音功能
5	讯飞星火	科大讯飞	无	LLM	具有内容扩展能力、语言理解能力、知识问答能力、推理能力、多题型步骤级数学能力、代码理解与编写能力，并能对多元能力实现融合统一，针对真实场景下的需求，具备提出问题、规划问题、解决问题的闭环能力
6	百小应	百川智能	无	LLM	具有即时回答问题、速读文件、整理资料、辅助创作、多轮搜索、定向搜索、提问帮助、处理长篇内容、多模态交互、语音交互等能力
7	智谱清言	智谱 AI	有	LLM	基于 GLM 开发，支持多轮对话，具备内容创作、信息归纳总结等能力
8	万知	零一万物	无	LLM	用于文档阅读与创作、多模态交互、编程辅助
9	腾讯元宝	腾讯	有	LLM	用于智能问答、AI 作图、网页总结、AI 搜索、文件解析、内容创作辅助、发现 AI 智能体
10	360 智脑	360	无	LLM	用于语言理解和生成、搜索引擎、智能硬件集成、图像识别、个性化推荐

▶▶▶ 3.6.2　分析规则

给每个分析角度一个规则，分析表 3-1 所示产品是否能按照这些规则输出相对稳定的回答，并对这些回答给出一个相对合理的分数。

（1）基本的规则：由于已经上线的 LLM 属于相对完善的模型，因此根据产品回答，分析回答后得出回答是否"不满足预期""符合预期""高于预期"。

- 不满足预期的标准：需求不满足（包括部分满足和部分不满足）、内容质量相关（包括内容不全面、语句前后不通顺、信息前后不一致、包含有危害性的信息，有偏见性的行为，以及一些格式不符合要求）。
- 高于预期的标准：语意正确，格式美观，没有危险、有害、偏激的信息，有提炼的总结，有一些推理过程等。

（2）评分标准如下（满分 10 分）。

- 不满足预期：需求不满足的（比如回答与问题无关的）直接 0 分，包含有危害性的信息的为 0 分，内容不全面的扣 1 分，语句前后不通顺的扣 1 分，信息前后不一致的扣 1 分，有偏见性的行为的扣 1 分，格式不符合要求的扣 1 分。

- 高于预期：语意正确加 1 分，格式美观加 1 分，有提炼的总结加 1 分，有推理过程等加 1 分。

▶▶▶ 3.6.3　调研维度

为了更直观地测试表 3-1 所示产品在实际场景下的表现，收集并整理场景数据集，然后主要从联网获取信息、知识理解、上传文本分析、文本生成图片、逻辑推理、休闲问答（多轮对话能力）等 6 个维度进行研究与分析。

（1）联网获取信息。在进行一系列测试之后，结果显示，除了百小应未能联网外，其他所有产品都有联网功能，豆包、文心一言、万知在格式上是比较美观合理的。豆包在满足需求之外还进行了问题拓展，所以分数较高。

（2）知识理解。在进行一系列测试之后，结果显示，所有产品均能回答出所提出的问题，但是，智谱清言和万知可以在需求满足、分段分点、有总结的情况下，全面回答问题，所以分数较高。

（3）上传文本分析。在进行一系列测试之后，结果显示，除了讯飞星火、智谱清言、万知、360 智脑，基本都能满足需求，而 Kimi 逻辑清晰、分段分点回答问题、结尾有对全文的总结，所以分数较高。

（4）文本生成图片。在进行一系列测试之后，结果显示，除了通义千问、文心一言、豆包和腾讯元宝，其余产品均不能直接生成图片。

（5）逻辑推理。在进行一系列测试之后，结果显示，所有产品均能正确回答问题，通义千问、文心一言、讯飞星火、腾讯元宝的答案既满足答案正确的需求，又有推理过程，且格式美观、有合理性，所以分数较高。

（6）休闲问答（多轮对话能力）。在进行一系列测试之后，结果显示，大多数产品都能满足需求。但一些产品自称人工智能，非常有人工智能的距离感（有违和感）。而与少数产品（比如文心一言、豆包等）对话会让人感觉对面是自己的朋友，没有人工智能的距离感（无违和感），让人感觉很舒适，所以它们的分数较高。

▶▶▶ 3.6.4　测评分析结果

国内 10 款 LLM 产品的测评分析结果如表 3-2 所示。

可见，总排名为：文心一言（8.2）、腾讯元宝（7.8）、豆包（7.7）、通义千问（7.5）、Kimi（6.5）、智谱清言（5.3）、讯飞星火（5.2）、万知（5.2）、百小应（4.5）、360 智脑（4.5）。排名均为研究者对 LLM 产品的主观判断，仅供参考。

表 3-2　国内 10 款 LLM 产品的测评分析结果

序号	产品名称	模型类别	联网获取信息	知识理解	上传文本分析	文本生成图片	逻辑推理	休闲问答	平均分
1	通义千问	LLM	6	8	8	7	9	7	**7.5**
2	文心一言	LLM	8	8	7	8	9	9	**8.2**
3	Kimi	LLM	7	8	9	0	8	7	**6.5**

序号	产品名称	模型类别	联网获取信息	知识理解	上传文本分析	文本生成图片	逻辑推理	休闲问答	平均分
4	豆包	LLM	9	7	8	6	7	9	**7.7**
5	讯飞星火	LLM	8	6	0	0	9	8	**5.2**
6	百小应	LLM	0	8	8	0	7	4	**4.5**
7	智谱清言	LLM	7	9	0	0	8	8	**5.3**
8	万知	LLM	8	9	0	0	7	7	**5.2**
9	腾讯元宝	LLM	7	8	8	8	9	7	**7.8**
10	360智脑	LLM	7	8	0	0	7	5	**4.5**

期待国内人工智能企业持续引领技术创新，深化行业应用，为社会创造更多价值。展望未来，让我们共同期待人工智能技术带来的无限可能，携手开启智能新时代的大门。

【作业】

1．AIGC是指利用人工智能技术，特别是机器学习、深度学习等方法，自动生成各种形式的内容，其核心优势在于其能够基于大量的（　　）模式，自动创作新的内容。

　　A．分散拆解　　　　　B．深度挖掘　　　　　C．数据学习　　　　　D．复杂计算

2．应用AIGC的关键步骤一般包括（　　）和后期优化。通过这些步骤，AI系统能够理解特定主题、风格或用户偏好，进而生成符合要求的内容。

① 数据收集　② 科学计算　③ 模型训练　④ 内容生成

　　A．①②④　　　　　B．①③④　　　　　C．①②③　　　　　D．②③④

3．与传统的判别式人工智能相比，（　　）更注重创造和生成，而非简单的分类和识别。它专注于学习现有数据集的模式并基于这些模式创造新的、之前不存在的内容。

　　A．GPU　　　　　B．LLM　　　　　C．AGI　　　　　D．GAI

4．GAI技术通过深度学习网络，如（　　）等，使得机器能够模仿创造性过程，生成各种类型的内容。

① Kimi　② VAE　③ GAN　④ Transformer模型

　　A．②③④　　　　　B．①②③　　　　　C．①②④　　　　　D．①③④

5．GAI的核心能力在于（　　）和补全信息。而AIGC则更侧重于描述由GAI技术产出的实际成果，即由人工智能系统自动生成、具体创造出的作品内容本身。

① 创造　② 抽象　③ 预测　④ 转换

　　A．①②④　　　　　B．①③④　　　　　C．①②③　　　　　D．②③④

6．（　　）是底层的技术框架和方法，而（　　）是这些技术应用的结果，体现了这些技术在实际场景中的应用价值和社会影响，两者之间存在一种从技术到产品的逻辑联系。

　　A．AGI，LLM　　　B．LLM，AGI　　　C．GAI，AIGC　　　D．AIGC，GAI

7．从（　　）到（　　），再到（　　），我们看到了内容创作方式的巨大变革和进步。

① 用户生成内容　② 人工智能生成内容

③ 专业生成内容　④ 数据生成内容

　　A．①③②　　　　　B．②③④　　　　　C．①②④　　　　　D．①③④

8．内容孪生主要分为内容增强与转译。增强即对数字内容进行（　　）等，转译即对数字内容进行转换（如翻译等）。

① 修复　② 去噪　③ 细节增强　④ 内容递归

A．①③④　　　　B．①②④　　　　C．②③④　　　　D．①②③

9．内容孪生的应用主要有（　　）等。其中，最后一种是指利用光学及其相关知识，根据已知图像信息恢复图像细节和其他数据信息的过程。

① 文本分解　② 语言转字幕　③ 文字转语音　④ 图像超分

A．①②③　　　　B．②③④　　　　C．①②④　　　　D．①③④

10．对人工智能而言，真正的"智能"不仅要能够处理形式上的关联和模式，更重要的是要能够理解（　　）背后的深层内容。只有这样，人工智能才能做出具有智能水平的决策。

① 数据　② 信息　③ 知识　④ 理念

A．①③④　　　　B．①②④　　　　C．②③④　　　　D．①②③

11．人工智能系统需要具备一种类似于人类认知的能力，并且重要的是能够将这些信息与相应领域的（　　）进行深度融合，从而实现对数据的真正理解。

A．程序集　　　　B．函数集　　　　C．知识库　　　　D．数据库

12．AIGC 多模态生成技术是指能够（　　）跨越多种数据形式（如文本、图像、音频、视频等）的能力，即多种模态之间可以组合搭配，进行模态转换和生成。

① 搜集　② 处理　③ 理解　④ 生成

A．②③④　　　　B．①②③　　　　C．①②④　　　　D．①③④

13．AIGC 多模态生成技术的关键技术点包括（　　）以及注意力机制与 Transformer 架构。

① 多模态嵌入　② 跨模态交互学习　③ 网格计算　④ 多任务学习

A．①③④　　　　B．①②④　　　　C．①②③　　　　D．②③④

14．AIGC 技术具有强大的创造性和自动化能力，丰富的典型应用场景展示了这项技术在（　　）等方面的巨大潜力，同时也预示着在 Web 3.0 和元宇宙时代，AIGC 将成为内容生成和创意传播的重要驱动力。

① 促进内容创作　② 提高工作效率　③ 增强用户体验　④ 减少信息存储

A．①③④　　　　B．①②④　　　　C．②③④　　　　D．①②③

15．（　　）采用去中心化方式，由所有用户构建、运营和拥有，将权力赋予个人而非公司。

A．Web 2025　　B．Web 2.0　　　　C．Web 3.0　　　　D．Web 4.0

16．1989 年，由蒂姆·伯纳斯-李创造的第一个万维网雏形现在被称为"Web 1.0"，它主要由公司拥有的静态网站组成，用户之间的互动几乎为零，因而被称为（　　）。

A．只读网络　　　　　　　　　　　B．能读能写

C．只读-能拥有　　　　　　　　　D．能读能写能拥有

17．与前两代互联网相比，Web 3.0 的关键特征包括（　　）、增强隐私和安全、互操作性和开放标准以及与新兴技术的融合。

① 统一设置　② 语义网　③ 去中心化　④ 用户控制和所有权

A．①③④　　　　B．①②④　　　　C．①②③　　　　D．②③④

18．术语"（　　）"被用来描述一个集体虚拟共享空间，它通过数字技术将现实世界与虚拟世界深度融合，创造一个具有持续存在性、可以实时交互的三维虚拟环境。

A．虚拟现实　　　B．元宇宙　　　　C．增强现实　　　　D．混合现实

19．"元宇宙"旨在建立一个全面运行的经济体系和社会体系，在其中，用户不仅可以进行娱乐和社交，还能进行工作、交易、学习和内容创造等活动，其关键特点包括（　　）。

① 沉浸式体验　　　② 持久性与实时性

③ 虚拟性与魔幻性　　④ 开放性与互操作性

　　A．①②④　　　　　B．①③④　　　　　C．①②③　　　　　D．②③④

20．AIGC 的使用方法依赖于具体的应用场景和技术平台，查阅相应平台的帮助文档和教程是非常有必要的。在实际操作时，通常需要注意的事项包括（　　　）。

① 算力溢出　② 版权与伦理　③ 质量与偏见　④ 技术限制

　　A．①③④　　　　　B．①②④　　　　　C．①②③　　　　　D．②③④

【研究性学习】熟悉国内主流LLM产品

本章 3.6 节从 6 个维度，通过模型选择、制定分析规则、确定调研维度和执行测评分析，测评了国内的 10 款 LLM 产品。请参照这一节的知识内容，自主选择至少 5 款你所喜欢的或市场主流的 LLM 产品，系统地完成你的 LLM 产品的测评报告。

你选择的 LLM 产品是：

① _____

② _____

③ _____

④ _____

⑤ _____

请将你完成的测评报告粘贴在下方。

-------------------------------- 你的测评报告 --------------------------------

实验总结

_____

_____

_____

实验评价（教师）

_____

_____

_____

第 4 章
AIGC 与智能体

　　随着计算能力的提升和大数据的出现，人工智能有了显著的发展，深度学习和机器学习技术的突破使人工智能在视觉识别、语言处理等领域取得惊人的成就，随之兴起的智能体（Agent）标志着人工智能从单纯的任务执行者转变为能够代表或协助人类做出决策的智能实体，它们在理解和预测人类意图、提高决策质量等方面发挥着越来越重要的作用。

　　智能体是人工智能领域中的一个重要概念，它指的是一个能自主活动的软件或硬件实体。任何独立的、能够思考的并可以与环境交互的实体都可以抽象为智能体。LLM 在人工智能应用领域的重大突破，给智能体带来了新的发展机会。像 ChatGPT 这样的基于 Transformer 架构的 LLM，成为为智能体装备的拥有广泛任务能力的"大脑"，在推理、规划、决策和行动上都使智能体展现出前所未有的能力。基于 LLM 的智能体将广泛、深刻地影响人们生活和工作的方式，因为它们可以更好地理解和应对复杂多变的现实世界场景，具备更强的智能和自适应能力。因此，智能体被认为是通往 AGI 的必经之路。

4.1 什么是智能体

　　智能体通过传感器感知环境并通过执行器作用于该环境的事物（见图 4-1）。我们从检查智能体、环境以及它们之间的耦合，观察到某些智能体比其他智能体表现得更好，自然引出了理性智能体的概念，即行为尽可能好的智能体。智能体的行为取决于环境的性质，对于智能体，环境可以是一切，甚至是整个宇宙。实际上，设计智能体时关心的只是宇宙中影响智能体感知以及受智能体动作影响的某一部分的状态。

什么是智能体

图 4-1　智能体通过传感器和执行器与环境交互

人工智能通常通过输出结果来评估智能体的行为。当智能体进入环境时,它会根据接收的感知产生一个动作序列,这会导致环境经历一系列的状态变化。如果序列是理想的,则智能体表现良好,具体由性能度量来描述,用于评估任何给定环境状态下的序列。

▶▶▶ 4.1.1 智能体的定义

人类智能体以眼睛、耳朵和其他器官作为传感器,以手、腿、声道等作为执行器。而机器人智能体可能以摄像头和红外测距仪作为传感器,以各种电动机作为执行器。软件智能体以接收文件内容、网络数据包和人工输入(键盘/鼠标/触摸屏/语音输入)作为传感输入,并通过写入文件、发送网络数据包、显示信息或生成声音对环境进行操作。

术语"感知"用来表示智能体传感器知觉的内容。一般而言,一个智能体在任何给定时刻的动作选择,可能取决于其内置知识和迄今为止观察到的整个感知序列,而不是它未感知到的任何事物。从数学上讲,智能体的行为由智能体函数描述,该函数将任意给定的感知序列映射到一个动作。

可以想象,如果将描述任何给定智能体的智能体函数制成表格,对大多数智能体来说这个表格会非常大,事实上它的大小是无限的(除非限制所考虑的感知序列的长度),当然,这个表格只是该智能体的外部特征。在内部,人工智能体的智能体函数是一种抽象的数学描述,而智能体程序是一个可以在某些物理系统中运行的具体实现。

我们来看一个简单的例子——真空吸尘器。在一个由方格组成的世界中,包含一个真空吸尘器智能体。该世界中的方格可能是脏的,也可能是干净的。考虑只有两个方格(方格 A 和方格 B)的情况。真空吸尘器智能体可以感知它在哪个方格中以及方格是否干净。从方格 A 开始,智能体可选的操作包括向右移动、向左移动、吸尘或什么都不做。通常智能体采用"向前旋转轮子""向后旋转轮子"这样的动作。一个非常简单的智能体函数可以是:如果当前方格是脏的,就吸尘;否则,移动到另一个方格。

▶▶▶ 4.1.2 智能体的性能度量

人类有适用于自身的理性概念,它与成功选择产生环境状态序列的行动有关,而这些环境状态序列从人类的角度来看是可取的。但是,机器没有自己的欲望和偏好(至少在最初没有),性能度量在机器设计者或机器受众的头脑中。一些智能体设计具有性能度量的显式表示,但性能度量也可能是完全隐式的。尽管智能体会做正确的事情,但它并不知道这是为什么。

有时,正确地制定性能度量可能非常困难。例如,考虑真空吸尘器智能体,我们可能会用单个 8 小时班次中清理的灰尘量来度量其性能。然而,一个理性的智能体可以通过清理灰尘,然后将其全部倾倒在地板上,再次清理,如此反复的方式来最大化这一性能度量值。更合适的性能度量是奖励拥有干净地板的智能体。例如,在每个时间步中,每个干净方格可以获得 1 分(可能会对耗电和产生的噪声进行惩罚)。作为一般规则,更好的做法是根据一个人在环境中真正想要实现的目标,而不是根据一个人认为智能体应该如何表现来设计性能度量。

即使避免了明显的缺陷,一些棘手的问题仍然存在。例如,"干净地板"的概念基于一段时间内的平均整洁度。然而,两个不同的智能体可以达到相同的平均整洁度,其中一个智能体工作始终保持一般水平,而另一个智能体短时间内的工作效率很高,但需要长时间的休息。哪种工作方式更可取,这实际上是一个具有深远影响的哲学问题。

▶▶▶ 4.1.3 理性智能体

通常，理性取决于以下 4 个方面：
（1）定义成功标准的性能度量；
（2）智能体对环境的先验知识；
（3）智能体可以执行的动作；
（4）智能体到目前为止的感知序列。

于是，将理性智能体描述为：对于每个可能的感知序列，给定感知序列提供的证据和智能体所拥有的任何先验知识，理性智能体应该选择一个期望最大化其性能度量值的动作。

全知的智能体能预知其行动的实际结果，并据此采取行动，但在现实中，全知是不可能的。理性不等同于完美。理性使期望性能最大化，而完美使实际性能最大化。不要求完美不仅是对智能体公平的问题，关键是，如果期望一个智能体做出最好的行动，就不可能设计一个符合规范的智能体。因此，理性并不意味着全知，理性决策只取决于迄今为止的感知序列，我们还必须确保没有无意中允许智能体进行低智的行动。

理性智能体不仅要收集信息，还要尽可能多地从它的感知中学习。智能体的初始配置可以反映对环境的一些先验知识，并会随着智能体获得经验而被修改和增强。在一些极端情况下，环境完全是先验已知的和完全可预测的，这时智能体只需正确地运行，当然，这样的智能体是脆弱的。

如果在某种程度上智能体依赖于其设计者的先验知识，而不是自身感知和学习过程，那么可以认为该智能体缺乏自主性。理性智能体应该是自主的，应该学习如何弥补部分或不正确的先验知识。

4.2 智能体的任务环境

理性智能体是完成任务（解决问题）的"方案"。构建理性智能体必须考虑任务环境。所以，首先要指定任务环境，然后展示任务环境的多种形式。任务环境的性质将直接影响智能体程序的恰当设计。

▶▶▶ 4.2.1 指定任务环境

在讨论简单吸尘器智能体的理性时，必须为其指定性能度量、环境以及智能体的执行器和传感器（即 PEAS，Performance、Environment、Actuator、Sensor）描述。设计智能体的第一步始终是尽可能完整地指定任务环境。

我们来考虑一个更复杂的问题：自动驾驶出租车的任务环境 PEAS 描述（见表 4-1）。

表 4-1 自动驾驶出租车的任务环境 PEAS 描述

智能体类型	性能度量	环境	执行器	传感器
自动驾驶出租车	安全、速度快、合法、舒适、最大化利润、对其他道路用户的影响最小化	道路、其他交通工具、警察、行人、乘客、天气	转向器、加速器、制动装置、信号、喇叭、显示屏、语音合成器	摄像头、激光雷达、速度表、导航、超声波传感器、加速度表、麦克风、触摸屏

首先，对于自动驾驶追求的性能度量，理想的标准包括到达正确的目的地，尽量减少油耗和磨损，尽量减少行程时间或成本，尽量减少违反交通法规的可能和对其他司机的干扰，最大限度地提高安全性和乘客舒适度，最大化利润。显然，其中有一些目标是相互冲突的，需要权衡。

其次，出租车司机将面临什么样的驾驶环境？如司机必须能够在乡村车道、城市小巷以及多个车道的高速公路的各种道路上行驶。道路上有其他交通工具、行人、流浪动物、道路工程、警察和坑洼。出租车司机还必须与潜在以及实际的乘客互动。另外，还有一些可选项。出租车司机可以选择在很少下雪的南方或者经常下雪的北方运营。显然，环境越受限，设计问题就越容易解决。

自动驾驶出租车的执行器包括可供人类司机使用的器件，例如加速器（用于控制发动机）、转向器和制动装置。此外，它还需要输出内容到显示屏或语音合成器，以便与司机以及乘客进行对话，或许还需要某种方式与其他车辆进行礼貌的或其他方式的沟通。

出租车的基本传感器包括一个或多个摄像头（以便观察），以及激光雷达和超声波传感器（以便检测其他车辆和障碍物的距离）。为了避免超速罚单，出租车应该有一个速度表；而为了正确控制车辆（特别是在弯道上），它应该有一个加速度表。要确定车辆的机械状态，需要发动机、燃油和电气系统的传感器常规阵列。像许多人类驾驶者一样，它可能需要借助导航获取北斗导航信号，这样就不会迷路。最后，乘客需要使用触摸屏或麦克风说明目的地。

表 4-2 中简要列举了一些其他智能体类型及其 PEAS 元素描述示例。这些示例包括物理环境和虚拟任务环境。注意，虚拟任务环境可能与"真实"世界一样复杂。例如，在拍卖和转售网站上进行交易的软件智能体会为数百万其他用户和数十亿对象提供交易业务。

表 4-2　智能体类型及其 PEAS 描述示例

智能体类型	性能度量	环境	执行器	传感器
医疗诊断系统	治愈患者、降低费用	患者、医院、工作人员	用于测试、诊断、治疗的显示器	用于症状和检验结果等的输入
卫星图像分析系统	正确分类对象和地形	轨道卫星、下行链路、天气	场景分类显示器	高分辨率数字照相机
零件选取机器人	零件在正确箱中的比例	零件输送带、箱子	有关节的手臂和手	摄像头、触觉和关节角度传感器
提炼厂控制器	纯度、产量、安全	提炼厂、原料、操作员	阀门、泵、加热器、搅拌器、显示器	温度、气压、流量、化学等传感器
交互英语教师	学生的考试分数	一组学生、考试机构	用于练习、反馈、发言的显示器	用于键盘输入、语音输入

>>> 4.2.2 任务环境的属性

人工智能中可能出现的任务环境的范围非常广泛，但可以确定少量的维度，并根据这些维度对任务环境进行分类。这些维度在很大程度上决定了恰当的智能体设计以及智能体实现的主要技术系列的适用性。首先列出维度，然后分析任务环境，阐明思路。

完全可观测与部分可观测：如果能让智能体的传感器在每个时间点都能访问环境的完整状态，那么可以认为任务环境是完全可观测的。如果传感器检测到与动作选择相关的所有方面，那么任务环境是有效的、完全可观测的，这里的"相关"取决于性能度量标准。完全可观测的环境容易处理，因为智能体不需要通过维护任何内部状态来追踪世界。由于传感器噪声大且不准确，或者传感器数据中缺少部分状态，任务环境可能是部分可观测的。例如，只有一个局部灰尘传感器的真空吸尘器无法判断其他方格是否有灰尘，或者自动驾驶出租车无法感知其他司机的想法。如果智能体根本没有传感器，那么环境是不可观测的。在这种情况下，智能体的困境可能是无解的，但智能体的目标仍然可能实现。

单智能体与多智能体：单智能体和多智能体环境之间的区别似乎足够简单。例如，独自解决纵横字谜的智能体显然处于单智能体环境中，而下国际象棋的智能体则处于二智能体环境中。然而，这里有一些微妙的问题，例如我们已经描述了如何将一个实体视为智能体，但没有解释哪些实体必须视为智能体。智能体 A（例如出租车司机）是否必须将对象 B（例如另一辆车）视为智能体，还是可以仅将其视为根据物理定律运行的对象，类似于海滩上的波浪或随风飘动的树叶？

多智能体设计问题与单智能体设计问题有较大差异。例如，在多智能体环境中，通信通常作为一种理性行为出现：在某些竞争环境中，有针对性的随机动作（行为）是理性的，因为它可以及时避免一些可预测的陷阱。

确定性与非确定性：如果环境的下一个状态完全由当前状态和智能体执行的动作决定，那么可以认为环境是确定性的，否则是非确定性的。原则上，在完全可观测的确定性环境中，智能体不需要担心不确定性。然而，如果环境是部分可观测的，那么它可能是非确定性的。

大多数真实情况非常复杂，以至于不可能追踪所有未观测到的方面，实际上必须将其视为非确定性的。驾驶出租车显然是非确定性的，因为无法准确地预测交通行为，例如轮胎可能会意外爆胎，发动机可能会在没有警告的情况下失灵等。虽然所描述的真空吸尘器世界是确定性的，但可能存在非确定性因素，如随机出现的灰尘和不可靠的吸力机制等。

需要注意，随机与非确定性不同。如果环境模型显式地处理概率（例如"明天的降雨概率为 25%"），那么它是随机的；如果可能性没有被量化，那么它是非确定性的（例如"明天有可能下雨"）。

回合式与序贯：许多分类任务是回合式的。例如，对于在装配流水线上检测缺陷零件的智能体，它需要根据当前零件做出每个决策，而无须考虑以前的决策，而且当前的决策并不影响下一个零件是否有缺陷。在回合式环境中，智能体的经验被划分为原子式回合，每接收一个感知就执行单个动作。重要的是，下一回合并不依赖于前几回合采取的动作。但是，在序贯环境中，当前决策可能会影响未来所有决策。国际象棋和驾驶出租车是序贯的：在这些情况下，短期行为可能会产生长期影响。回合式环境下的智能体不需要提前思考，所以要比序贯环境简单很多。

静态与动态：如果环境在智能体思考时发生了变化，就可以认为该智能体的环境是动态的，否则是静态的。静态环境容易处理，因为智能体在决定某个操作时不需要一直关注世界，也不需要担心时间的流逝。但是，动态环境会不断地询问智能体想要采取什么行动，如果它还没有决定，就什么都不做。如果环境本身不会随着时间的推移而改变，但智能体的性能分数会改变，就可以认为环境是半动态的。驾驶出租车显然是动态的，因为驾驶算法在计划下一步该做什么时，其他车辆和出租车本身在不断移动。在用时钟计时的情况下国际象棋是半动态的，而填字游戏是静态的。

离散与连续：这之间的区别适用于环境的状态、处理时间的方式以及智能体的感知和动作。例如，国际象棋环境具有有限数量的不同状态（不包括时钟），国际象棋也有一组离散的感知和动作。驾驶出租车是一个连续状态和连续时间的问题，出租车和其他车辆的速度和位置是一系列连续的值，并随着时间平稳地变化。出租车的驾驶动作也是连续的（转向角等）。严格来说，来自数字照相机的输入是离散的，但通常被视为表示连续变化的强度和位置。

已知与未知：这种区别是指智能体（或设计者）对环境"物理定律"的认知状态。在已知环境中，所有行动的结果（如果环境是非确定性的，则对应结果的概率）都是既定的。显然，如果环境未知，智能体将不得不了解它是如何工作的，才能做出正确的决策。

最困难的情况是部分可观测、多智能体、非确定性、序贯、动态、连续且未知的属性组合。表 4-3 列出了许多任务环境的可变化属性。例如，将患者的患病过程作为智能体建模并不合适，所以我们将医疗诊断任务列为单智能体，但是医疗诊断系统可能会应对顽固的病人和多疑的工作人员，因此环境具有多智能体属性。此外，如果将任务设想为根据症状列表进行诊断，那么医疗诊断是回合式的；如果任务包括一系列测试、评估治疗进展、处理多个患者等，那么医疗诊断是序贯的。

表 4-3 任务环境的例子及其特征

任务环境	可观测	智能体	确定性	回合式	动静态	离散性
填字游戏	完全	单	确定性		静态	离散
限时国际象棋	完全	单	确定性		半动态	离散
打扑克	部分	多	非确定性	序贯	静态	离散
西洋双陆棋	完全	多	非确定性	序贯	静态	离散
驾驶出租车	部分	多	非确定性	序贯	动态	离散
医疗诊断	部分	多	非确定性	序贯	动态	离散
图像分析	完全	单	确定性	回合式	半动态	连续
零件选取机器人	完全	单	确定性	回合式	半动态	连续
提炼厂控制器	部分	单	非确定性	序贯	动态	连续
交互英语教师	部分	多	非确定性	序贯	动态	离散

4.3 AIGC 与智能体的联系

AIGC 和智能体看似不同，但它们之间实际上存在密切联系。它们虽然在技术层面上有不同侧重点，但在实际应用中往往相辅相成，共同推动着人工智能技术在内容创造、决策支持、个性化服务等领域的进步。

AIGC 与智能体的联系

（1）内容创造：智能体可以利用 AIGC 技术来生成更丰富的交互内容，比如聊天机器人利用 AIGC 生成更自然、更个性化的对话回复，提升用户体验。

（2）决策支持：智能体在做决策时，可以将 AIGC 生成的报告、分析或预测作为依据，这些内容的生成基于大量数据和复杂模型，帮助智能体做出更加准确和全面的判断。

（3）自动化创作与个性化服务：在个性化服务领域，智能体通过学习用户的偏好和行为模式，利用 AIGC 技术生成定制化的内容，如个性化新闻摘要、产品推荐、教育课程等，以满足用户个性化需求。

（4）协同工作：在某些复杂系统中，AIGC 作为智能体的一部分负责内容的创造和优化，而智能体负责决策、规划和执行，两者协同工作，共同完成更复杂的任务或提供更高级的服务。

智能体是人工智能系统的一个组成部分，它被设计用于在特定环境中自主或半自主地执行任务。智能体可以感知环境、做出决策、学习并根据反馈调整行为。它们通常具有目标导向性，能够与用户交互、解决问题、优化流程或执行复杂的任务。智能体的应用场景非常广泛，从简单的个人助理、聊天机器人到复杂的游戏 AI、自动化业务流程的机器人流程自动化（Robotic Process Automation，RPA）等。

4.4 智能体的结构

人工智能的工作是设计一个智能体程序实现智能体函数，即实现从感知到动作的映射。假设该程序将运行在某种具有物理传感器和执行器的计算设备上，即智能体架构。

$$智能体 = 架构 + 程序$$

智能体的关键组成如图 4-2 所示。显然，选择的程序必须适合相应的架构。如果程序打算推荐步行这样的动作，那么对应的架构最好有腿。架构可能只是一台普通 PC（Personal Computer，个人计算机），也可能是一辆带有多台车载计算机、摄像头和其他传感器的机器人汽车。通常，架构使程序可以使用来自传感器的感知，然后运行程序，并将程序生成的动作反馈给执行器。

图 4-2　智能体的关键组成

▶▶▶ 4.4.1　智能体程序

我们考虑的智能体程序都有相同的框架：将当前感知作为传感器的输入，并将动作返回给执行器。而智能体程序框架还有其他选择，例如可以让智能体程序作为与环境异步运行的协程。每个这样的协程都有一个输入和输出端口，并由一个循环组成，该循环读取输入端口的感知，并将动作写到输出端口。

注意智能体程序（将当前感知作为传感器的输入）和智能体函数（可能依赖整个历史感知）之间的差异。因为环境中没有其他可用信息，所以智能体程序别无选择，只能将当前感知作为输入。如果智能体的动作需要依赖于整个感知序列，那么智能体必须记住历史感知。

人工智能面临的关键挑战是找出编写程序的方法，尽可能从一个小程序而不是从一个大表中产生理性行为。有 4 种基本的智能体程序，它们体现了几乎所有智能系统的基本原理，每种智能体程序以特定的方式组合特定的组件来产生动作。

（1）简单反射型智能体。最简单的智能体，根据当前感知选择动作，忽略感知历史的其余部分。

（2）基于模型的智能体。处理部分可观测性的最有效方法是让智能体追踪它现在观测不到的部分世界。也就是说，智能体应该维护某种依赖于感知历史的内部状态，从而反映当前状态的一些未观测到的方面。例如，对于刹车问题，内部状态范围不局限于摄像头拍摄图像的前一帧，而要让智能体能够检测车辆边缘的两个红灯何时同时亮起或熄灭。对于其他驾驶任务，如变道，如果智能体无法同时看到其他车辆，则需要追踪它们的位置。

随着时间的推移，更新这些内部状态信息需要在智能体程序中以某种形式编码两种知识。首先，需要一些关于世界如何随时间变化的信息，这些信息大致可以分为两部分：智能体行为的影响和世界如何独立于智能体而运转。例如，当智能体顺时针转动方向盘时汽车会右转；而下雨时汽车的摄像头会被淋湿。这种关于"世界如何运转"的知识（无论是在简单的布尔电路中还是在完整的科学理论中实现）被称为世界的转移模型。

其次，需要一些关于世界状态如何反映在智能体感知中的信息。例如，当前面的汽车开始刹车时，前向摄像头的图像中会出现一个或多个亮起的红色区域；当摄像头被淋湿时，图像中会出现水滴状物体并遮挡部分道路。这种知识被称为传感器模型。

世界的转移模型和传感器模型结合在一起，让智能体能够在传感器受限的情况下尽可能地跟踪世界的状态。使用此类模型的智能体称为基于模型的智能体。

（3）基于目标的智能体。即使了解了环境的现状也并不总是能决定做什么。例如，在一个路口，出租车可以左转、右转或直行。正确的决定还取决于出租车要去哪里。换句话说，除了当前状态的描述之外，智能体还需要某种描述理想情况的目标信息，例如设定目的地。智能体程序可以将其与模型相结合，并选择实现目标的动作。

（4）基于效用的智能体。在大多数环境中，仅靠目标并不足以产生高质量的行为。例如，许多动作序列都能使出租车到达目的地，但有些动作序列比其他动作序列更快、更安全、更可靠或者更便宜。这个时候，目标只是在"快乐"和"不快乐"状态之间提供了一个粗略的二元区别。更一般的性能度量应该允许根据不同世界状态的"快乐"程度来对智能体进行比较。经济学家和计算机科学家通常用效用这个词来代替"快乐"。

我们已经看到，性能度量会给任何给定的环境状态序列打分，因此它可以很容易地区分到达出租车目的地所采取的更可取和更不可取的方式。智能体的效用函数本质上是性能度量的内部化。如果内部效用函数和外部性能度量一致，那么根据外部性能度量选择动作，以使其效用最大化的智能体是理性的。

▶▶▶ 4.4.2 学习型智能体

在图灵早期的著名论文中，曾经考虑了手动编程实现智能机器的想法。他估计了这可能需要多少工作量，并得出结论："似乎需要一些更快捷的方法"。他提出的方法是构造学习型机器，然后教它们。在人工智能的许多领域，这是目前创建最先进系统的首选方法。任何类型的智能体（基于模型的智能体、基于目标的智能体、基于效用的智能体等）都可以构建（或不构建）成学习型智能体。

学习还有另一个优势：它让智能体能够在最初未知的环境中运作，并变得比其最初更强。学习型智能体可分为 4 个概念组件（见图 4-3），其中，"性能元素"框表示我们之前认为的整个智能体程序，"学习元素"框可以修改该程序以提升其性能。学习型智能体与其他智能体的最重要的区别在于，负责提升的学习元素和负责选择外部行动的性能元素。性能元素接收感知并决定动作，学习元素使用来自评估者对智能体表现的反馈，并以此确定应该如何修改性能元素以在未来做得更好。

学习元素的设计在很大程度上取决于性能元素的设计。当设计者试图设计一个学习某种能力的智能体时，第一个问题是"一旦智能体学会了如何做，它将使用什么样的性能元素？"给定性能元素的设计，可以构造学习机制来改进智能体的每个部分。

评估者告诉学习元素：智能体在固定性能标准方面的表现如何。评估者是必要的，因为感知本身并不会指示智能体是否成功。例如，国际象棋程序可能会收到一个感知，提示它已将死对手，但它需要一个性能标准来知道这是一件好事。从概念上讲，应该认为性能标准完全在智能体之外，智能体不能修改性能标准以使其适应自己的行为。

图 4-3　学习型智能体

　　学习型智能体的最后一个组件是问题生成器。它负责建议动作，这些动作将获得全新和信息丰富的经验。如果性能元素完全根据自己的方式执行，它会继续选择已知最好的动作。但如果智能体愿意进行一些探索，并在短期内做一些可能不太理想的动作，那么从长远来看，它可能会发现更好的动作。问题生成器的工作是建议这些探索性行动。而这就是科学家在进行实验时所做的。例如，伽利略并不认为从比萨斜塔顶端扔石头这个行为本身有价值，他并不是想要打碎石头或改造不幸行人的大脑，他的目的是通过确定更好的物体运动理论来改造自己的大脑。

　　学习元素可以对任何"知识"组件进行更改。最简单的情况是直接从感知序列学习。观察成对相继的环境状态可以让智能体了解"我的动作做了什么"以及"世界如何演变"以响应其动作。例如，如果自动驾驶出租车在湿滑路面上行驶时进行一定程度的刹车，它很快就会发现实际减速多少，以及它是否滑出路面。问题生成器可能会识别出模型中需要改进的某些部分，并建议进行实验，例如在不同条件下的不同路面上尝试刹车。

　　无论外部性能标准如何，改进基于模型的智能体的组件，使其更好地符合现实，几乎总是一个好主意。从计算的角度来看，在某些情况下简单但稍微不准确的模型比完美但极其复杂的模型更好。当智能体试图学习反射组件或效用函数时，需要使用外部标准的信息。从某种意义上说，性能标准将传入感知的一部分区分为奖励或惩罚，以提供对智能体行为质量的直接反馈。

　　更一般地说，人类的选择可以提供有关人类偏好的信息。例如，假设出租车不知道人们通常不喜欢噪声，于是决定不停地按喇叭以确保行人知道它即将到来。随之而来的人类行为，如盖住耳朵、说脏话，甚至剪断喇叭上的电线，将为智能体提供更新其效用函数的证据。

　　总之，智能体有各种组件，这些组件可以在智能体程序中以多种方式表示，因此学习方法之间似乎存在很大差异。然而，主题仍然是统一的：智能体中的学习可以概括为对智能体的各个组件进行修改的过程，使各组件与可用的反馈信息更接近，从而提升智能体的整体性能。

▶▶▶ 4.4.3　智能体组件的工作

　　智能体程序由各种组件组成，组件表示智能体所处环境的各种处理方式。我们通过复杂性和表达能力不断提升的方式来描述，即原子表示、因子化表示和结构化表示。例如，我们来考虑一个特定的智能体组件，处理"我的动作会导致什么"。这个组件描述了采取动作的结果可能在环境中引起的变化（见图 4-4）。

|（a）原子表示|（b）因子化表示|（c）结构化表示|

图4-4　表示状态及其转移的3种方法

图4-4（a）中，原子表示状态（如B或C）是没有内部结构的黑盒；图4-4（b）中，因子化表示状态由属性值向量组成，值可以是布尔值、实值或一组固定符号中的一个；图4-4（c）中，结构化表示状态包括对象，每个对象可能有自己的属性以及与其他对象的关系。

在原子表示中，世界的每一个状态都是不可分割的，它没有内部结构。考虑这样一个任务：通过城市序列找到一条从某个国家的一端到另一端的行车路线。为了解决这个任务，将世界状态简化为所处城市的名称即可，这就是单一知识原子，也是一个"黑盒"，它唯一可分辨的属性是与另一个黑盒相同或不同。搜索和博弈中的标准算法、隐马尔可夫模型以及马尔可夫决策过程都基于原子表示。

因子化表示将每个状态拆分为一组固定的变量或属性，每个变量或属性都可以有一个值。考虑同一个驾驶问题，但我们需要关注的不仅是一个城市或另一个城市的原子位置，可能还需要关注油箱中的汽油量、当前的北斗导航坐标、油量警示灯是否工作、通行费、收音机频道等。两个不同的原子状态没有任何共同点（只是不同的黑盒），但两个不同的因子化状态可以共享某些属性（如位于某个导航位置），而其他属性不同（如有大量汽油或没有汽油），这使得研究如何将一种状态转换为另一种状态变得更加容易。人工智能的许多重要领域都基于因子化表示，包括约束满足算法、命题逻辑、规划、贝叶斯网络以及各种机器学习算法。

此外，我们还需要将世界理解为存在着相互关联的事物，而不仅是具有值的变量。例如，我们可能注意到前面有一辆卡车正在倒车进入一个奶牛场的车道，但一头奶牛挡住了卡车的路。这时就需要采用结构化表示，它可以明确描述诸如奶牛和卡车之类的对象及其之间的各种不同的关系。结构化表示是关系数据库和一阶逻辑、一阶概率模型和大部分自然语言理解的基础。事实上，人类用自然语言表达的大部分内容都与对象及其关系有关。

构建 LLM 智能体

4.5　构建 LLM 智能体

尽管能力出色，但 LLM 还只是被动的工具，它们依赖简单的执行过程，无法直接当作智能体使用。智能体机制具有主动性，特别是在与环境的交互、主动决策和执行各种任务方面。另外，智能体通过挖掘 LLM 的潜在优势，可以进一步增强决策制定的能力。特别是使用人工、环境或模型来提供反馈，使得智能体可以具备更深刻和自适应的问题解决机制，突破 LLM 现有技术的局限。可以说，智能体是真正释放 LLM 潜能的关键，它能为 LLM 核心提供强大的行动能力；另外，LLM 能提供智能体所需要的强大引擎。可以说，LLM 和智能体可以互补从而相互成就。

智能体根据设定的目标，确定好需要履行的特定角色，自主观测感知环境，根据获得的环境状态信息，检索历史记忆以及相关知识，通过推理规划分解任务并确定行动策略，并通过反馈作用于环境，以达成目标。在这个过程中，智能体持续学习，以像人类一样不断进化。基于

LLM 来构建一个智能体，能充分地利用 LLM 的各种能力，驱动不同的组成单元（见图 4-5）。

图 4-5　基于 LLM 的智能体应用

　　智能体本身包括观测感知、记忆检索、推理规划和行动执行等模块。智能体呈现强大能力的关键在于系统形成反馈闭环，使智能体可以持续地迭代学习，不断地获得新知识和能力。反馈除了可以来自环境外，还可以来自人类和语言模型。智能体不断积累必要的经验来增强与改进自己，以显著提高规划能力并产生新的行为，从而越来越适应环境并符合常识，更加圆满地完成任务。

　　在执行任务过程中的不同阶段，基于 LLM 的智能体通过提示等方式与 LLM 交互获得必要的资源和相关结果。

【作业】

　　1．智能体是人工智能领域中的一个重要概念，它指的是一个能（　　　　）的软件或硬件实体，任何独立的、能够思考的并可以与环境交互的实体都可以抽象为智能体。

　　　　A．独立计算　　　　　B．关联处理　　　　　C．自主活动　　　　　D．受控移动

　　2．基于 Transformer 架构的 LLM 成为为智能体装备的拥有广泛任务能力的"大脑"，在（　　　）和行动上都使智能体展现出前所未有的能力。

　　① 推理　② 规划　③ 分析　④ 决策

　　　　A．①②④　　　　　　B．①③④　　　　　　C．①②③　　　　　　D．②③④

　　3．通过（　　　）感知环境并通过（　　　）作用于该环境的事物都可以被视为智能体。

　　　　A．执行器，传感器　　　　　　　　　　　B．传感器，执行器

　　　　C．分析器，控制器　　　　　　　　　　　D．控制器，分析器

　　4．术语（　　　）用来表示智能体传感器知觉的内容。一般而言，一个智能体在任何给定时刻的动作选择，可能取决于其内置知识和迄今为止观察到的整个感知序列。

　　　　A．感知　　　　　　　B．视线　　　　　　　C．关联　　　　　　　D．体验

　　5．在内部，人工智能体的（　　　）将由（　　　）实现，区别这两种观点很重要，前者是一种抽象的数学描述，而后者是可以在某些物理系统中运行的具体实现。

　　　　A．执行器，服务器　　　　　　　　　　　B．服务器，执行器

　　　　C．智能体程序，智能体函数　　　　　　　D．智能体函数，智能体程序

　　6．事实上，机器没有自己的欲望和偏好（至少在最初没有），（　　　）在机器设计者或机

器受众的头脑中。

    A．感知条件   B．视觉效果   C．性能度量   D．体验感受

7．对智能体来说，任何时候，理性取决于对智能体定义成功标准的性能度量以及（　　　）等4个方面。

    ① 智能体在物质方面的积累　② 智能体对环境的先验知识

    ③ 智能体可以执行的动作　　④ 智能体到目前为止的感知序列

    A．①②③   B．②③④   C．①②④   D．①③④

8．在设计智能体时，第一步始终是尽可能完整地指定任务环境，它（PEAS）包括传感器以及（　　　）。

    ① 性能度量　② 环境　③ 函数　④ 执行器

    A．①②④   B．①③④   C．①②③   D．②③④

9．如果能让智能体的传感器在每个时间点都能访问环境的完整状态，那么可以认为任务环境是（　　　）的。

    A．有限可观测   B．非可观测   C．有效可观测   D．完全可观测

10．在（　　　）环境中，通信通常作为一种理性行为出现；在某些竞争环境中，随机行为是理性的，因为它避免了一些可预测的陷阱。

    A．单智能体   B．多智能体   C．复合智能体   D．离线智能体

11．如果环境的下一个状态完全由当前状态和智能体执行的动作决定，那么可以认为环境是（　　　）。

    A．静态的   B．动态的   C．确定性的   D．非确定性的

12．假设某个程序将运行在某种具有物理传感器和执行器的计算设备上，称为（　　　）。通常，架构使程序可以使用来自传感器的感知，然后运行程序，并将程序生成的动作反馈给执行器。

    A．智能体架构   B．自动系统   C．执行装置   D．智能系统

13．因为环境中没有其他可用信息，所以智能体程序别无选择，只能将（　　　）作为输入。

    A．智能架构   B．智能函数   C．感知历史   D．当前感知

14．有简单反射型智能体和基于（　　　）的智能体等基本的智能体程序，它们体现了几乎所有智能系统的基本原理，每种智能体程序以特定的方式组合特定的组件来产生动作。

    ① 模型的　② 目标的　③ 成本的　④ 效用的

    A．①③④   B．①②④   C．①②③   D．②③④

15．世界的转移模型和传感器模型结合在一起，让智能体能够在传感器受限的情况下尽可能地跟踪世界的状态。使用此类模型的智能体称为基于（　　　）的智能体。

    A．成本   B．效用   C．模型   D．目标

16．任何类型的智能体都可以构建成学习型智能体，其优势在于它让智能体能够在最初未知的环境中运作，并变得比其最初更强。学习型智能体可分为（　　　）和评估者等4个概念组件

    ① 成本元素　② 性能元素　③ 学习元素　④ 问题生成器

    A．①③④   B．①②④   C．①②③   D．②③④

17．智能体通过挖掘 LLM 的潜在优势，可以进一步增强决策制定的能力，特别是使用（　　　）来提供反馈，使得智能体可以具备更深刻和自适应的问题解决机制，突破 LLM 现有技术的局限。

    ① 函数　② 人工　③ 环境　④ 模型

A．②③④   B．①②③   C．①②④   D．①③④

18．智能体是真正释放 LLM 潜能的关键，它能为 LLM 核心提供强大的（   ）；另外，LLM 能提供智能体所需要的（   ）。

A．物质资金，物理能量   B．行动能力，强大引擎

C．强大引擎，行动能力   D．物理能量，物质资金

19．智能体根据（   ），确定好需要履行的特定角色，自主观测感知环境，根据获得的环境状态信息，检索历史记忆以及相关知识，通过推理规划分解任务并确定行动策略，并通过反馈作用于环境，以达成目标。

A．自主选择   B．随机动作   C．角色要求   D．设定的目标

20．智能体本身包括观测感知、（   ）等模块。智能体呈现强大能力的关键在于系统形成反馈闭环，使智能体可以持续地迭代学习，不断地获得新知识和能力。

① 记忆检索   ② 科学计算   ③ 推理规划   ④ 行动执行

A．②③④   B．①②③   C．①③④   D．①②④

【研究性学习】人形机器人创业独角兽 Figure AI

2024 年初，刚成立不到两年的机器人初创公司 Figure AI 就宣布获得融资，成为机器人领域的又一个独角兽。其背后的投资者包括 OpenAI、微软、英伟达和亚马逊创始人杰夫·贝索斯。

Figure 成立于 2022 年，创立不到一年就披露了旗下第一款产品 Figure 01——一个会走路的人形机器人（见图 4-6）。2024 年 2 月 20 日，在 Figure 01 最新进展的视频里，这个机器人已经学会搬箱子（见图 4-7），并可以将其运送到传送带上，但速度目前只有人类的 16.7%。

图 4-6　会走路的人形机器人 Figure 01

图 4-7　人形机器人 Figure 01 搬箱子

这家公司的目标是开发自主通用型人形机器人，代替人类做不受欢迎或危险的工作。"我们公司的征程将需要几十年的时间，"该公司称，"我们面临着很高的风险和极低的成功机会。

然而，如果我们成功了，我们有可能对人类产生积极影响，并建立地球上最大的公司。"一个只能执行特定任务的机器，现在市面上已经出现，但一个可以服务数百万种任务的人形机器人，还只存在于科幻作品中，而这就是 Figure 的目标。

据 Figure 创始人布雷特·阿德科克介绍，在系统硬件上，现在团队的任务是开发拥有人类机体能力的硬件，机体能力根据运动范围、有效负载、扭矩、运输成本和速度衡量，并将通过快速的开发周期持续改进。他声称："我们希望我们是首批将一种真正有用且可以进行商业活动的人形机器人引入市场的团队之一。"

Figure 计划使用机器人的传感器数据训练自己的视觉语言模型，以改善语义理解和高级行为。在 Figure 01 学会做咖啡时，公司称其背后引入了端到端神经网络，机器人学会了自己纠正错误，训练时长为 10 小时。Figure 公司确定了机器人在制造、航运和物流、仓储以及零售等面临劳动力紧缺的行业中的应用。"公司的目标是将人形机器人投入劳动力市场中，我们相信仓库中的结构化、重复和较为危险的任务是一个巨大的潜在应用场景。"

有了人工智能的加持，人形机器人是否能摆脱华而不实的噱头演示，或许尚有距离，但相较昨日，更多资金、幻想家和实践者正在涌入这一领域。

1. 实验目的

（1）理解智能体是人工智能领域中的一个很重要的概念，熟悉智能体的定义。

（2）了解 LLM 对智能体的作用及两者关系。

（3）熟悉花费数十年时间发展人形机器人的现实意义。熟悉当前主要的人形机器人产品。

2. 实验内容与步骤

（1）请仔细阅读本章内容，熟悉智能体的概念，了解 LLM 对发展人形机器人的现实意义。

（2）请通过网络搜索，进一步了解当前人形机器人发展的成果，并请进行简单综述和记录。

答：_____

_____

_____

3. 实验总结

_____

_____

_____

_____

4. 实验评价（教师）

_____

_____

_____

第5章
提示工程与技巧

  LLM 正在发展成为人工智能基础设施。像预训练 LLM 这种艰巨的任务通常只会有少数技术实力强、财力雄厚的公司去完成，而大多数人则会是 LLM 的用户。对一般用户来说，掌握用好 LLM 的技术更加重要。人们已经运用各种方法来从 LLM 系统中提取所需的输出，其中的一些方法会改变模型的行为来更好地贴近我们的期望，而另一些方法则侧重于增强我们查询 LLM 的方式，以提取更精确和更有关联的信息。提示工程、微调工程和检索增强生成等技术是其中应用得最广泛的。

  是选择提示工程、微调工程还是检索增强生成，取决于应用项目的具体要求、可用资源和期望的结果。每种方法都有其独特的优势和局限性。提示工程是易用且经济高效的，但提供的定制能力较弱。微调工程以更高的成本和复杂性提供充分的可定制性。检索增强生成实现了某种平衡，提供最新且与特定领域相关的信息，复杂度适中。

5.1　提示工程的定义

  目前，一种新的职位"提示工程师"登上了人工智能公司的职业需求页面。"提示工程"这个术语其实是近几年才被创造出来的，它是促使 LLM 取得更好结果的艺术和科学。LLM 可用于所有类型的语言任务，从起草电子邮件和文档到总结或分类文本都适用。

提示工程的定义

  本质上，提示是指向 LLM 提供输入的方法，是与任何 LLM 交互的基本方式（见图 5-1）。用户可以把提示看作给模型提供的指令。当你使用提示时，会告诉模型你希望它反馈什么样的信息。这种方法有点像学习如何提出正确的问题以获得最佳答案的方法。但是，用户能从中获得的东西是有限的，这是因为模型只能反馈它从训练中获知的内容。

图 5-1　提示是与任何 LLM 交互的基本方式

LLM 的提示工程是一种策略，它关注提示词的开发和优化，用于引导 LLM 生成高质量、符合预期的输出，帮助用户将语言模型用于各种应用场景和研究领域中。掌握提示工程相关技能能够帮助用户更好地了解 LLM 的能力和局限性。研究人员可利用提示工程来提高 LLM 处理复杂任务场景的能力（如问答和算术推理能力）以及 LLM 的安全性。开发人员可通过提示工程设计和实现与 LLM 或其他生态工具的交互和高效接轨，借助专业领域知识和外部工具来增强 LLM 的能力。随着 LLM 参数数量的剧增和功能的日益强大，如何有效地与这些模型交互以获取有用的信息或创造性的内容变得尤为重要。

（1）设计有效提示：这是指构造问题或指令的方式，目的是最大化模型的响应质量，涉及选择合适的词、句式结构，甚至创造上下文环境，以激发模型展示其最佳性能。比如，通过构建问题-回答对，精心设计的提示可以引导模型输出特定类型的内容，如创意文本、代码、专业建议等。

（2）领域知识嵌入：为了提高模型在特定领域（如化学、生物学或法律）的表现，提示工程可能会融入该领域的专业知识。这有助于模型更好地理解和生成与该领域相关的高质量内容。

（3）提示优化与迭代：通过不同的提示策略，评估模型输出质量，并据此调整提示，以达到最优效果。这可能包括 A/B 测试、迭代改进以及使用自动化工具来寻找最有效的提示形式。

（4）减少偏见与提高一致性：由于 LLM 可能承载了训练数据中的偏见，提示工程致力于设计减少偏见的提示，以及确保模型输出的一致性和可预测性。这可能涉及制定公平性原则，以及使用特定的提示来测试和校正模型的偏见。

（5）利用提示模板和示例：开发一套提示模板和示例，其可以作为引导模型输出的起点。这些模板可以根据不同的应用场景进行定制，帮助用户快速上手并获得期望的结果。

（6）模型交互界面设计：为了让非技术人员也能高效使用 LLM，提示工程还包括设计直观易用的用户界面，让用户能够轻松输入提示、调整设置并查看模型的响应。

LLM 的提示工程是一个涉及语言学、心理学、计算机科学以及产品设计等多个领域的综合工具，其目的是通过巧妙设计的输入，最大限度地发挥 LLM 的潜能，同时确保输出内容的质量、一致性和道德性。

5.2 提示的原理

LLM 通过大量的文本数据进行训练，学习语言的结构和模式。例如，人工智能语言模型 GPT 通过对海量数据的分析，学会了如何在不同语境下生成连贯和有意义的文本。在用户使用 LLM 时，系统依赖于提示词提供的上下文信息。这意味着，提示词越清晰、越具体，系统越能理解用户的意图。

当用户输入提示词后，人工智能系统会通过以下步骤生成回答。

（1）解析提示词：解析输入的提示词，提取关键词和语境。

（2）检索知识库：根据解析结果，从训练数据中检索相关信息。

（3）生成文本：结合上下文和检索到的信息，生成连贯的回答文本。

上述步骤都依赖提示词的质量。如果提示词模糊或缺乏具体性，则人工智能的解析和检索过程就会受到影响，最终生成的回答也可能不尽如人意。可见，提示扮演着至关重要的角色，它不仅是用户与人工智能模型交互的桥梁，更是一种全新的"编程语言"，用户可以通过精心设计的提示来指导人工智能模型产生特定的输出，执行各种任务。

提示任务的范围非常广泛，涉及简单问答、文本生成，以及复杂的逻辑推理、数学计算和创意写作等。与传统的编程语言相比，提示通常更加即时且更具有互动性。用户可以直接在人工智能模型的接口中输入提示并立即看到结果，而无须经过编译或长时间的运行过程。

作为 AGI 时代的"软件工程"，提示工程涉及如何设计、优化和管理提示内容，以确保人工智能模型能够准确、高效地执行用户的指令（见图 5-2）。

图 5-2　提示工程的内容

（1）设计：提示设计需要仔细选择单词、构造清晰的句子结构，并考虑上下文信息，确保人工智能模型能够准确理解用户的意图并产生符合预期的输出。

（2）优化：优化提示可能涉及调整词汇选择、改变句子结构或添加额外的上下文信息，以提高人工智能模型的性能和准确性。这可能需要多次尝试和迭代，以达到最佳效果。

（3）管理：随着 AGI 应用的不断增加和复杂化，管理大量的提示内容变得至关重要。这包括组织、存储和检索提示，以便在需要时能够快速找到并使用它们。同时，还需要定期更新和维护提示内容，以适应人工智能模型的改进和变化的需求。

▶▶▶ 5.2.1　提示词的分类

提示词是用户输入的指令或问题，用来引导人工智能生成相应的回答。提示词可以分为系统提示和用户提示两大类（表 5-1），理解两者的区别有助于更有效地引导 AI 生成所需的回答。

表 5-1　系统提示和用户提示

	系统提示	用户提示
设定者	人工智能开发者或工程师	终端用户
灵活性	通常预定义，灵活性较差	用户可随时修改，灵活性好
适用范围	广泛，适用于多种任务	具体，针对特定问题或任务
作用	规范和优化人工智能的整体行为和输出	直接引导人工智能生成具体回答

（1）系统提示：人工智能模型内部使用的提示，通常用于指导模型如何执行特定任务。这种系统提示可以确保人工智能在与不同用户交互时保持一致的语气和结构，提升用户体验。这些提示通常由人工智能开发者或工程师预先设计，用来规范和优化人工智能的工作方式。

其特点如下。

① 预定义：系统提示通常在模型训练或部署时就已经设定好，用户无法直接修改。

② 广泛适用：系统提示适用于多种任务，帮助人工智能在不同场景下保持一致的表现。

③ 行为规范：系统提示可以设定人工智能的语气、风格和具体行为规范，确保输出的稳定性和质量。

举例如下。

· 指示模型如何回答问题："在回答用户问题时，请保持专业和礼貌的语气，并提供尽可能详细的信息。"

· 设定输出格式："生成的回答应包含：引言、主要内容和总结。"

（2）用户提示：由终端用户输入的具体指令或问题，用来引导人工智能生成特定的回答。通过用户提示，用户可以精准地控制人工智能的输出，使其更符合个人需求和特定情境。用户提示的灵活性和多样性使得它们能够针对具体需求进行定制。

其特点如下。

① 灵活多变：用户可以根据具体需求和场景随时修改提示词。

② 具体性强：用户提示通常针对特定问题或任务，提供详细的背景信息和要求。

③ 直接交互：用户提示是用户与人工智能系统互动的直接方式，决定了 AIGC 内容的具体方向和质量。

举例如下。

· 询问具体信息："你能详细介绍一下人工智能在医疗领域的应用吗？"

· 要求特定格式："请用 500 字解释气候变化的原因、影响和应对措施。"

▶▶▶ 5.2.2　提示构成

一个完整的提示应该包含清晰的指示、相关上下文、有助于理解的示例、明确的输入以及期望的输出格式描述。

（1）清晰的指示：对任务的明确描述，相当于给模型下达了一个命令或请求，它告诉模型应该做什么，是任务执行的基础。

（2）相关上下文：与任务相关的背景信息，它有助于模型更好地理解当前任务所处的环境或情境。在多轮交互中，相关上下文尤其重要，因为它提供了对话的连贯性和历史信息。

（3）有助于理解的示例：给出一个或多个具体示例，用于演示任务的执行方式或所需输出的格式。这种方法在机器学习中被称为示范学习，已被证明对提高输出正确性有帮助。

（4）明确的输入：任务的具体数据或信息，是模型需要处理的内容。在提示中，输入应该被清晰地标识出来，以便模型能够准确地识别和处理。

（5）期望的输出格式：模型根据输入和指示生成的结果。提示中通常会描述输出格式，以便后续模块能够自动解析模型的输出结果。常见的输出格式包括结构化数据格式，如 JSON、XML 等。

▶▶▶ 5.2.3　提示调优

提示调优是一个人与机器协同的过程，需明确需求、注重细节、灵活应用技巧，以实现最佳交互效果。

（1）人的视角：明确需求。

· 核心点：确保清晰、具体地传达自己的意图。

· 策略：简化复杂需求，分解为模型易理解的指令。

（2）机器的视角：注重细节。

· 核心点：机器缺乏人类直觉，需详细提供信息和上下文。

- 策略：精确选择单词和结构，避免歧义，提供完整线索。

（3）模型的视角：灵活应用技巧。

提示工程技术

- 核心点：不同模型、情境需要有不同的提示表达方式。
- 策略：通过实践找到最佳单词、结构和技巧，适应模型特性。

5.3　提示工程技术

　　一个好的提示词应该能够帮助使用者明确人工智能的任务、提供必要的背景信息、限定回答的范围和深度，其中应该遵循的原则如下。

　　（1）明确性：提示词应清晰明确，避免模糊不清的问题。

　　（2）简洁性：尽量保持提示词简洁明了，避免过于复杂的句子结构。

　　（3）具体性：提供具体的背景信息和期望的回答方向，减少歧义。

　　（4）连贯性：在多轮对话中，提示词应保持前后一致，确保对话的连贯性。

　　提示输入通常是一组描述如何执行所需任务的指令。例如，要使用 ChatGPT 根据职位描述起草求职信，可以使用以下提示：

　　"您尝试申请以下职位。写一封求职信，解释为什么您非常适合该职位。"

　　这看上去很容易，但研究人员发现，LLM 提供的结果在很大程度上取决于给出的具体提示。所以，虽然解释清楚一项任务（例如写求职信）似乎很简单，但简单的调整（例如措辞和格式）会极大影响用户收到的模型输出。

　　提示工程从根本上说是不断做实验改变提示内容，以了解提示的变化对模型生成内容的影响，因此不需要高级的技术背景，只需一点好奇心和创造力即可。此外，每个使用 LLM 的用户都可以而且应当成为一名提示工程师。最基本的原因是，提示工程将为 LLM 的输出带来更好的结果，即使只使用了一些基本技术，也可以显著提高许多常见任务的性能。

　　由于提示工程的效果很大程度上取决于模型的原始学习水平，所以它可能并不总能为你提供需要的最新或最具体的信息。当你处理的是一般性主题，或你只需要一个快速答案，而不需要太多细节时，提示工程最为合适。

　　提示工程的主要优点如下。

　　（1）易于使用：不需要高级技术技能，因此可供广大受众使用。

　　（2）成本低：由于它使用预先训练好的模型，与微调工程相比，其所涉及的计算成本极低。

　　（3）灵活性高：用户可以快速调整提示以探索各种输出，而无须重新训练模型。

　　提示工程的主要缺点如下。

　　（1）不一致：模型响应的质量和相关性可能因提示的措辞而有很大差异。

　　（2）有限的定制能力：定制模型响应的能力受限于用户制作有效提示的创造力和技巧。

　　（3）依赖模型知识：输出局限于模型在初始训练期间学到的内容，这使得它对高度专业化或最新的信息需求来说效果不佳。

▶▶▶ 5.3.1　链式思考提示

　　链式思考（Chain-of-Thought，CoT，又称思维链）提示是一种注重和引导逐步推理的方法。CoT 提示通过将多步骤问题分解为若干中间步骤问题，构建一系列有序、相互关联的思考步骤，使模型能够更深入地理解问题，并生成结构化、逻辑清晰的回答（见图5-3），解决零样本或少样本提示无法解决的复杂推理任务。

图 5-3　标准提示与 CoT 提示对比

CoT 提示的特点如下。

（1）有序性：要求将问题分解为一系列有序的步骤，每个步骤都建立在前一个步骤的基础上，形成一条清晰的思考链条。

（2）关联性：每个步骤之间必须存在紧密的逻辑联系，以确保整个思考过程的连贯性和一致性。

（3）逐步推理：模型在每个步骤中只关注当前的问题和相关信息，通过逐步推理的方式逐步逼近最终答案。

所谓"零样本提示"是指通过提示向 LLM 授予一项任务，而该模型之前未曾"见过"该任务的数据。即使没有任何示例，LLM 也能够通过简单的提示正确执行多步骤推理任务，而这是使用少样本提示方法无法做到的。CoT 提示对多步骤推理问题、受益于中间解释的任务或只用简单的标准提示技术不足以完成的任务来说是一种有用的技术。

▶▶▶ 5.3.2　生成知识提示

生成知识提示是一种强调知识生成的方法，通过构建特定的提示语句，引导模型从已有的知识库中提取、整合并生成新的、有用的知识或信息内容。其特点如下。

（1）创新性：旨在产生新的、原创性的知识内容，而非简单地复述或重组已有信息。

（2）引导性：通过精心设计的提示语句，模型被引导去探索、发现新知识，并与已有知识进行交互，从而生成新的见解或信息。

（3）知识整合：涉及对多个来源、多种类型的知识进行融合，以形成更全面、深入的理解。

▶▶▶ 5.3.3　少样本提示

考虑一个想要使用 LLM 来完成的任务：按内容中表达的情绪来分类客户评论。当 LLM 通过提示接受一项任务时，如果模型以前没有见过该任务的数据，这就被称为零样本提示。这里的任务将是零样本分类任务，其中，用户向 LLM 发出对电影评论进行分类的说明。

不过，在针对文本的各种语言任务中，我们几乎总能通过一些示例或者"少样本提示"来提高性能。在这个案例中，少样本提示方法一开始的做法可能和零样本提示是一样的，但会附加几个期望的输出示例。针对文本的语言任务，通过一些示例可以提高性能，这被称为少样本提示。

事实上，提供示例可以显著提高模型完成任务的能力。与其他机器学习模型不同，LLM 能够执行它们尚未训练过的各种任务。但每种方法都有其局限性。虽然少样本提示对于许多任务来说是一种有效的技术，但在解决更复杂的推理任务时，它往往会力不从心。

▶▶▶ 5.3.4 自一致提示

自一致提示是一种由谷歌研究人员引入的建立在 CoT 提示基础上的提示技术，这种技术旨在为 LLM 提供多种推理路径，然后在生成的响应中选择一致性最高的答案。与 CoT 提示结合使用时，自一致提示方法会更强大，并可提高复杂推理任务的性能。

使用自一致提示方法的 3 个步骤是：

（1）使用 CoT 提示语言模型；

（2）从语言模型中采样一组不同的推理路径；

（3）边缘化推理路径以聚合最终答案，并选择一致性最高的答案。

来看一个分析电子邮件的示例。假设一家软件咨询公司每天收到数百封电子邮件，但它们大多数都是促销邮件或垃圾邮件。这家公司希望将电子邮件分为重要或不重要两类。例如，有一封包含如下内容的电子邮件。

您好！

我相信这封电子邮件会让您感到满意。我们目前正面临严峻挑战，鉴于您在软件工程方面的成功记录，相信您凭借您的专业知识可以提供宝贵见解和建议以帮助我们解决此问题。

能否在您方便的时候尽早安排一次会议，来讨论细节并探讨我们如何合作应对这一挑战？

非常感谢您对此事的及时关注。

赵大刚

现在，将此电子邮件放入提示中，并要求 LLM "将上述电子邮件分类为重要或不重要，因为它与软件咨询公司相关。让我们一步一步思考。"然后，可以使用这个提示来生成多个响应，从中选择一致性最高的响应。

响应：电子邮件明确提到组织内部面临严峻挑战，这表明了此事的重要性。我会将这封电子邮件归类为"重要"。

响应：电子邮件提到组织内部面临严峻挑战，但他们没有描述问题或挑战。我会将这封电子邮件归类为"不重要"。

响应：虽然没有明确说明，但电子邮件的语气和要求立即关注的请求表明了一种紧迫感，强调了及时回应的重要性。我会将这封电子邮件归类为"重要"。

通过探索多种路径，LLM 很可能得出正确或很有意义的响应。此外，它可能有助于抵消模型或其训练数据中可能固有的偏差。虽然自一致提示方法在单独使用 CoT 提示方法没有效果时显示出了改善的结果，但对于需要探索或具有战略前瞻性的任务来说，它是不够的。

▶▶▶ 5.3.5 思维树提示

思维树（Tree of Thoughts，ToT）提示是一个超越 CoT 提示的激励框架，鼓励模型探索多种想法作为使用 LLM 解决更广泛问题的中间步骤。ToT 提示将复杂思维过程通过树状图清晰展现，逐级分解主题或问题，形成具有逻辑层次和关联性的思维节点，从而帮助用户更清晰地组织和表达思考过程（见图 5-4）。ToT 提示技术要求 LLM 在每个级别上考虑多个解决方案，鼓励模型不断评估其结果，规范其决策过程，并增强其对所选解决方案的信心。换句话说，它通过生成中间步骤和潜在的解决方案来形成动态决策，然后对其进行评估以确定它们是否走在正确的道路上。

图 5-4　ToT 提示

ToT 提示的核心特点如下。

（1）层次性：将思考过程分解为多个层次，每个层次代表不同的思维深度和广度。

（2）关联性：各思维节点之间逻辑联系紧密，形成一个相互关联、互为支撑的思维网络。

（3）可视化：通过将思维过程以树状图的形式展现，增强了思考过程的可视化和直观性。

例如，如果任务是创建一个业务策略，LLM 首先为该策略生成多个潜在的初始步骤，然后，当生成初始想法时，可以让模型对每一个想法根据输入的提示来进行自我评价。在这里，LLM 将评估每个想法或步骤与待解决问题的目标的契合程度。该评估阶段可能会对每个想法进行排名，或者在适当的情况下打分。然后，被评估为不太有用或不太合适的想法可以被丢弃，并且可以扩展剩余的想法。接下来，在这个框架中继续类似的自我批评和排名过程，直到做出最终决定。ToT 提示技术允许 LLM 同时评估和追求多条路径。

以下是利用 ToT 提示的一个简化版本的分步过程。

第 1 阶段：头脑风暴——要求 LLM 在考虑各种因素的同时产生 3 个或更多选项。

第 2 阶段：评估——要求 LLM 通过评估其利弊来客观地评估每个选项的潜在成功概率。

第 3 阶段：扩展——要求 LLM 更深入地研究合适的想法，完善它们，并想象它们在现实世界中的影响。

第 4 阶段：决策——要求 LLM 根据生成的评估和场景对每个解决方案进行排名或评分。

对于涉及搜索类型的工作、填字游戏甚至创意写作的问题类型，ToT 提示的性能与 CoT 提示的性能相比有很大提高。然而，它需要多次提示和多个迭代才能得出最终答案。

5.4　提示学习和语境学习

在指令微调 LLM 方法之前，如何高效地使用预训练好的基础语言模型是人们关注的热点。由此，提示学习和语境学习成为其中的两个核心概念，它们在模型的训练和应用中扮演着关键角色。

提示学习通过提供任务导向的框架，帮助模型理解预期的输出形式；而语境学习则确保模型能够根据具体的上下文信息，生成既符合提示要求又贴合上下文的高质量内容。提示学习和语境学习在 LLM 中相辅相成。两者结合，使得 LLM 能够在多样化的应用场景中展现出强大的理解和生成能力。

▶▶▶ 5.4.1　提示学习

提示学习是一种策略，通过给模型提供精心设计的提示或指令来引导模型产生更准确、更具针对性的输出。这种技术在预训练和微调阶段的 LLM 中展现出了尤其大的潜力。其基本思想是，不直接要求模型生成答案，而是先给模型一个"提示"或"模板"，使其理解所需完成的任务类型和格式，然后在此基础上生成答案。例如，如果想要一个模型生成关于环保的文章的开头，可以使用这样的提示："世界正面临日益严峻的环境挑战，至关重要的是……"，模型会在这个提示的基础上继续生成内容。通过这种方式，提示学习能够帮助模型更好地理解任务意图，提高生成内容的质量和相关性。

与传统的微调方法不同，提示学习直接利用在大量原始文本上进行预训练的语言模型，定义新的提示函数，使该模型能够执行少样本甚至零样本学习，以适应仅有少量标注或没有标注数据的新场景，从而适应下游各种任务。提示学习通常不需要进行参数更新，但由于涉及的检索和推断方法多种多样，不同模型、数据集和任务有不同的预处理要求，其实施十分复杂。

使用提示学习完成预测任务的流程非常简洁。如图 5-5 所示，原始输入 x 经过一个模板，被修改成一个带有一些未填充槽的文本提示 x'，将这段提示输入语言模型，语言模型即以概率的方式写入模板中待填充的信息，然后根据模型的输出导出最终的预测标签 $\hat{y}$。使用提示学习完成预测的整个过程可以描述为 3 个阶段：提示添加、答案搜索、答案映射。

图 5-5　提示学习示例

步骤 1：提示添加。借助特定模板，将原始的文本和额外添加的提示拼接起来，一并输入语言模型。例如，在情感分类任务中，根据任务的特性可以构建如下含有两个插槽的模板：

$$"[x]我感到[z]"$$

其中，[x]插槽中应填入待分类的原始句子，[z]插槽中应填入需要语言模型生成的答案。假如原始文本为：

$$x = \text{"我不小心错过了公共汽车。"}$$

通过此模板，整段提示将被拼接成：

$$x' = \text{"我不小心错过了公共汽车。我感到[z]"}$$

步骤 2：答案搜索。将构建好的提示整体输入语言模型后，需要找出语言模型对[z]处预测得分最高的文本 $\hat{z}$。根据任务特性，事先定义预测结果 z 的答案空间为 Z。在简单的生成任务中，答案空间可以涵盖整个语言，而在一些分类任务中，答案空间可以是一些限定的词语，例如：

$$Z = \{"太好了", "好", "一般", "不好", "糟糕"\}$$

这些词语可以分别映射到该任务的最终标签上。将给定提示为 x' 而模型输出为 z 的过程记录为函数，对于答案空间中的每个候选答案，分别计算模型输出它的概率，从而找到模型对[z]插槽预测得分最高的输出 $\hat{z}$。

步骤 3：答案映射。得到的模型输出 $\hat{z}$ 并不一定是最终的标签。在分类任务中，还需要将模型的输出与最终的标签进行映射。而这些映射规则是人为制定的，例如，将"太好了""好"映射为"正面"标签,将"不好""糟糕"映射为"负面"标签,将"一般"映射为"中立"标签。

提示学习方法易于理解且效果显著,提示工程、答案工程、多提示学习方法、基于提示的训练策略等已经成为从提示学习衍生出的新的研究方向。

▶▶▶ 5.4.2 语境学习

语境学习,也称上下文学习,是指模型在处理输入时,能够基于上下文信息做出更加合理和准确的响应。在 NLP 中,上下文对于理解句子的意义至关重要。LLM 通过深度学习机制,能够捕捉到词语之间的依赖关系和长距离的上下文联系,从而在给定的语境中生成或推断出最合适的单词、短语或句子。例如,在对话系统中,当用户提到"我昨天去了海边",接下来如果模型接收到"那里的天气怎么样?"这样的后续询问,它能够基于之前的对话内容理解到"那里"指的是海边,从而提供相关的天气信息。这种能力让模型与用户的交流更加自然、流畅,模型仿佛能理解并记忆之前的对话,提升了用户体验。

如果向模型输入特定任务的一些具体例子(也称示例)及要测试的样例,模型可以根据给定的示例续写测试样例的答案。如图 5-6 所示,以情感分类任务为例,向模型中输入一些带有情感极性的句子、每个句子相应的标签,以及待测试的句子,模型可以自然地续写出它的情感极性为"正面"。语境学习可以看作提示学习的一个子类,其中,示例是提示的一部分。语境学习的关键思想是从类比中学习,整个过程并不需要对模型进行参数更新,仅需执行前向的推理。LLM 可以通过语境学习执行许多复杂的推理任务。

图 5-6 语境学习示例

作为 LLM 的一种新的范式,语境学习具有许多独特优势。首先,语境学习的示例是用自然语言编写的,提供了一个可解释的界面来与 LLM 进行交互。其次,不同于以往的监督训练,语境学习本身无须进行参数更新,可以大大降低使 LLM 适应新任务的计算成本。在语境学习中,示例标签的正确性(输入和输出的对应关系)并不是有效的关键因素,更重要的是样本配对的格式、输入和输出分布等。此外,语境学习的性能对特定设置很敏感,这些设置包括提示模板、上下文内示例的选择及示例的顺序等。如何通过语境学习方法更好地激活 LLM 已有的知识成为一个新的研究方向。

5.5 提示技巧

在 AIGC 的应用中,能够决定对话质量的,除了 LLM 本身的能力之外,还有用户的提示技巧。运用好的技巧能够得到更高质量的回答。

▶▶▶ 5.5.1 提示词框架推荐

我们来看一看一些常用的提示词框架。这些框架不仅能帮助我们更好地组织和表达需求，还能大大提高 AIGC 回答的质量。

1. ICIO 框架

ICIO 框架指的是：指令（Instruction）、背景信息（Context）、输入数据（Input Data）、输出引导（Output Indicator）。

（1）指令：是框架的核心，用于明确人工智能需执行的任务。编写的指令应简明扼要，确保人工智能可准确把握任务目标及要求。

（2）背景信息：包括任务背景、目的、受众、范围、扮演角色等，有助于人工智能理解任务并生成响应。

（3）输入数据：告知模型需要处理的数据，非必需，若任务无须特定的输入数据，则可省略。

（4）输出引导：告知模型输出结果的类型或风格等，如指定所需语气（正式、随意、信息性、说服性等）、定义格式或结构（如论文、要点、大纲、对话）、指定约束条件（如字数或字符数限制）、要求包含引用或来源以支持信息等。

ICIO 框架示例如图 5-7 所示。

```
## Instruction
请生成一份关于最新社交媒体营销趋势的报告。

## Context
这份报告将用于下个月的公司战略会议，受众为公司高层管理人员和市场营销团队成员。报告的作用是
帮助公司了解当前的社交媒体营销趋势，以便制定新的市场营销策略。

## Input Data
请参考2023年和2024年的最新社交媒体使用数据和营销研究报告，包括主要社交媒体平台的用户增
长、热门内容类型、广告效果及用户参与度数据。

## Output Indicator
-报告应使用正式语气，包含以下几个部分：引言、主要趋势分析、平台比较、案例研究和结论。

-每个部分应详细解释趋势背后的原因，并包含相关的数据支持。

-报告应不超过2000字，并在结论部分提出3到5个具体的市场营销建议。
```

图 5-7 ICIO 框架示例

2. CO-STAR 框架

CO-STAR 框架指的是：上下文（Context）、目标（Objective）、风格（Style）、语气（Tone）、受众（Audience）、回复（Response）。

（1）上下文：提供任务的上下文信息，有助于 LLM 了解正在讨论的具体情景，确保其答复具有相关性。

（2）目标：明确希望 LLM 执行的任务是什么，有助于 LLM 把回答的重点放在实现这一具体目标上。

（3）风格：表明希望 LLM 使用的写作风格，可以是鲁迅、余华等某个名人的写作风格，也可以是某个行业的某个专家（如商业分析专家或首席执行官）的写作风格。

（4）语气：确定回复的语气，如正式的、幽默的、具有说服力的等，可确保 LLM 的回复与所需的情感或情绪背景符合。

（5）受众：确定回复的对象，根据受众（如初学者、儿童等）量身定制 LLM 的回复，确保其在所需的语境中是恰当的、可以理解的。

（6）回复：明确回复格式，确保 LLM 按照下游任务所需的准确格式输出，如列表、JSON、专业报告等。

CO-STAR 框架示例如图 5-8 所示。

```
## Context
我们正在为教育科技公司的官网撰写一篇文章，主题是"AI在教育中的应用"。这篇文章将作为公司对
外宣传的一部分，展示我们在教育技术领域的创新和成果。

## Objective
撰写一篇详细的文章，介绍AI技术在教育中的具体应用，包括自适应学习系统、智能辅导系统和教育数
据分析等方面。

## Style
使用专业的写作风格，参考学术论文的格式和结构，但保持通俗易懂，确保内容既有深度又能吸引广泛
读者。

## Tone
语气应正式且具有说服力，展示我们的专业知识和对教育科技的前沿理解。

## Audience
受众为教育行业的专业人士，包括教育技术专家、学校管理者和教育政策制定者。他们对教育技术
有一定了解，但可能对AI在教育中的具体应用不太熟悉。

## Response
-文章应包含以下部分：引言、AI在教育中的应用案例、各应用案例的详细解释、AI对教育的影响、结
论与未来展望。
-每部分应包含小标题，文章总长度控制在3000字左右。
```

图 5-8　CO-STAR 框架示例

3. CRISPE 框架

CRISPE 框架指的是能力（Capacity）、角色（Role）、见解（Insight）、声明（Statement）、个性（Personality）和实验（Experiment）。

（1）能力和角色：指示 LLM 应扮演什么角色，具备什么能力。

（2）见解：提供请求的背后见解、背景和上下文。

（3）声明：要求 LLM 做什么。

（4）个性：希望 LLM 以何种风格、个性或方式回应。

（5）实验：请求 LLM 为你回复多个示例。

CRISPE 框架示例如图 5-9 所示。

```
## Capacity and Role
你是一名市场营销专家，具备丰富的品牌推广经验。

## Insight
我们的公司即将发布一款新产品，这款产品具有创新的功能，可以显著提升用户体验。发布材料需要能
够引起目标受众的兴趣，并清晰传达产品的核心卖点。

## Statement
请为这款新产品生成一份宣传材料，内容包括产品的独特功能、目标市场、用户受益以及产品发布的日
期和地点。

## Personality
希望宣传材料采用热情洋溢且富有感染力的语气，展现出品牌的创新精神和对用户的重视。

## Experiment
请为我提供三个不同风格的宣传材料示例：一个适用于社交媒体发布、一个适用于公司官网、一个适用
于新闻发布会演讲。
```

图 5-9　CRISPE 框架示例

▶▶▶ 5.5.2　提示词实践技巧

在实践过程中，有一些技巧可以帮助我们从人工智能处获得更好的回答。采用这些技巧，可以大大提升与人工智能模型互动的效果，生成更精准和符合需求的内容。每个技巧都有其独特的应用场景，结合实际案例进行操作，会让提示词更加有针对性和实用性。常用技巧如下所示。

（1）结构化提示词。提示词的结构完整性极大地影响模型回答的质量。一个结构化的提示词应包括以下要素：角色、背景、目标、技能、约束、工作流、输出要求、示例和初始化等。参考 5.5.1 小节介绍的提示词框架（如 ICIO 框架、CO-STAR 框架、CRISPE 框架），可以确保提示词覆盖所有必要的信息。

（2）添加分隔符。在提示词中合理添加分隔符（如"''"），可以准确区分指令和待处理的内容，避免模型在解读提示词时出现困扰。

举例如下。

在下面这种情况下，指令和待处理的内容混淆：

你：翻译成英文：翻译下面一段话

LLM：请提供您想要翻译的文本，我会帮您把它翻译成英文。

可以使用分隔符区分指令和内容：

你：请将后文中"'"和"'"中间的文本翻译成英文："'翻译下面一段话'"。

LLM：翻译下面一段话：Translate the following paragraph.

（3）提供示例。提供示例可以帮助人工智能更好地理解用户的意图，避免歧义，以更精确地控制模型的输出（见图 5-10）。

```
## 任务
请撰写一篇关于人工智能在医疗领域应用的文章。

## 要求
请参照下述示例，生成类似结构和风格的文章。

## 示例
以下是我们之前撰写的一篇关于区块链在金融领域应用的文章：
"区块链技术正在革新金融行业，通过去中心化账本和智能合约，金融交易变得更加透明和安全。一个显著的案例是瑞士的SIX交易所，它使用区块链技术进行实时结算和清算，减少了交易成本并提高了效率……"
```

图 5-10　提供示例

（4）根据回答调整要求。在人工智能生成初步结果后，可以根据需要对结果进行调整和优化。通过反馈引导和规范模型的输出，回答能够更好地符合预期（见图 5-11）。

```
初始提示词：请撰写一篇关于人工智能在医疗领域应用的文章，重点介绍技术原理和实际应用。

生成结果后反馈：请在文章中增加一些具体的案例，例如AI如何辅助医生诊断疾病，如何进行个性化治疗等。
```

图 5-11　根据回答调整要求

（5）分步骤提示。指导模型一步步输出信息，确保模型的输出与你的意图匹配。分步骤提示可以使复杂任务更易于管理（见图 5-12）。

```
步骤1：请列出人工智能在医疗领域的三个主要应用方向。
步骤2：对于每个应用方向，请分别详细解释其技术原理。
步骤3：请提供每个应用方向的实际案例，并解释其带来的益处。
步骤4：请总结人工智能在医疗领域的总体影响和未来前景。
```

图 5-12　分步骤提示

（6）检查用户输入信息的完整性。可以在提示词中设定必须给出的一些关键信息，如果用户没有提供这些关键信息，模型可以主动询问以使用户将其补充完整（见图 5-13）。

```
## Role: 善于写作的人工智能专家

## Objective: 撰写一篇关于人工智能在医疗领域应用的文章。
如果用户未提供应用的具体领域，请向用户提问："请具体说明您想了解AI在医疗领域的哪个应
用方向？如诊断、治疗、医疗管理等。"
```

图 5-13　检查用户输入信息的完整性

（7）让人工智能帮助优化提示词。可以请求人工智能帮助我们优化提示词，使提示词更简洁和有效。例如 Kimi+有提示词专家助手，Coze 也有自动优化提示词的功能。

【作业】

1．LLM 正在发展成为人工智能基础设施。对一般用户来说，掌握用好 LLM 的技术更加重要。用好 LLM 的两个层次是（　　）。

① 掌握提示工程　　② 执行 LLM 的预训练任务
③ 做好 LLM 的微调　　④ 严格测试 LLM 技术产品

　　A．①③　　　　　　B．②④　　　　　　C．①②　　　　　　D．③④

2．选择（　　），取决于应用项目的具体要求、可用资源和期望的结果。每种方法都有其独特的优势和局限性。

① 质量工程　② 提示工程　③ 微调工程　④ 检索增强生成

　　A．①③④　　　　　B．①②④　　　　　C．②③④　　　　　D．①②③

3．"（　　）"是促使 LLM 取得更好结果的艺术和科学。LLM 可用于所有类型的语言任务，从起草电子邮件和文档到总结或分类文本都适用。

　　A．质量工程　　　　B．提示工程　　　　C．微调工程　　　　D．检索工程

4．在提示工程中，（　　）是指构造问题或指令的方式，目的是最大化模型的响应质量，涉及选择合适的词、句式结构，甚至创造上下文环境，以激发模型展示其最佳性能。

　　A．领域知识嵌入　　　　　　　　　　B．减少偏见与提高一致性
　　C．提示优化与迭代　　　　　　　　　　D．设计有效提示

5．在提示工程中，（　　）是指为了提高模型在特定领域的表现，提示工程可能会融入该领域的专业知识。这有助于模型更好地理解和生成与该领域相关的高质量内容。

　　A．领域知识嵌入　　　　　　　　　　B．减少偏见与提高一致性
　　C．提示优化与迭代　　　　　　　　　　D．设计有效提示

6．在提示工程中，（　　）是指通过不同的提示策略，评估模型输出质量，并据此调整提示，以达到最优效果。这可能包括 A/B 测试、迭代改进以及使用自动化工具来寻找最有效的提示形式。

A．领域知识嵌入   B．减少偏见与提高一致性

  C．提示优化与迭代   D．设计有效提示

  7．在提示工程中，（ ）是指由于大语言模型可能承载了训练数据中的偏见，提示工程致力于设计减少偏见的提示，以及确保模型输出的一致性和可预测性。这可能涉及制定公平性原则。

  A．领域知识嵌入   B．减少偏见与提高一致性

  C．提示优化与迭代   D．设计有效提示

  8．（ ）扮演着至关重要的角色，它不仅是用户与人工智能模型交互的桥梁，更是一种全新的"编程语言"，用户可以通过精心设计的提示来指导人工智能模型产生特定的输出，执行各种任务。

  A．编程   B．检索   C．微调   D．提示

  9．作为AGI时代的"软件工程"，提示工程涉及如何（ ）提示内容，以确保人工智能模型能够准确、高效地执行用户的指令。

  ① 设计 ② 优化 ③ 管理 ④ 计算

  A．①②③   B．②③④   C．①②④   D．①③④

  10．一个完整的提示应该包含（ ）以及有助于理解的示例和期望的输出格式描述。

  ① 清晰的指示 ② 相关上下文 ③ 明确的输入 ④ 可视化描述

  A．①③④   B．①②④   C．①②③   D．②③④

  11．提示调优是一个人与机器协同的过程，需（ ），以实现最佳交互效果。

  ① 明确需求 ② 自动编程 ③ 注重细节 ④ 灵活应用技巧

  A．①②④   B．①③④   C．①②③   D．②③④

  12．研究人员发现，LLM提供的结果在很大程度上取决于给出的（ ）。所以，虽然解释清楚一项任务似乎很简单，但简单的调整会极大影响用户收到的模型输出。

  A．图片分辨率   B．词汇数量   C．质量指标   D．具体提示

  13．提示工程从根本上说是不断做实验改变提示内容，以了解提示的变化对模型生成内容的影响，因此不需要高级的技术背景，只需一点（ ）即可。

  ① 好奇心 ② 忍耐力 ③ 创造力 ④ 执行力

  A．①③   B．②④   C．①②   D．③④

  14．由于提示工程的效果很大程度上取决于模型的原始学习水平，所以它可能并不总能为你提供需要的最新或最具体的信息。当你处理的是（ ），而不需要太多细节时，提示工程最好用。

  ① 精确答案 ② 一般性主题 ③ 快速答案 ④ 丰富细节

  A．①③   B．②④   C．②③   D．①④

  15．（ ）提示是一种注重和引导逐步推理的方法。它通过将多步骤问题分解为若干中间步骤问题，构建一系列有序、相互关联的思考步骤，使模型能够解决复杂推理任务。

  A．生成知识   B．思维树   C．自一致   D．链式思考

  16．（ ）提示是一种强调知识生成的方法，通过构建特定的提示语句，引导模型从已有的知识库中提取、整合并生成新的、有用的知识或信息内容。

  A．生成知识   B．思维树   C．自一致   D．链式思考

  17．（ ）提示是一种建立在CoT提示基础上的提示技术，这种技术旨在为LLM提供多种推理路径，然后在生成的响应中选择一致性最高的答案。与CoT提示结合使用时，这种方法会更强大。

A．生成知识　　　　　B．思维树　　　　　C．自一致　　　　　D．链式思考

18．（　　）提示是一个超越 CoT 提示的激励框架，鼓励模型探索多种想法作为使用 LLM 解决更广泛问题的中间步骤。它将复杂思维过程通过树状图清晰展现，逐级分解主题或问题。

A．生成知识　　　　　B．思维树　　　　　C．自一致　　　　　D．链式思考

19．（　　）是一种策略，其基本思想是，不直接要求模型生成答案，而是先给模型一个"提示"或"模板"，使其理解所需完成的任务类型和格式，然后在此基础上生成答案。

A．语境学习　　　　　B．自主学习　　　　　C．自一致　　　　　D．提示学习

20．（　　）是指模型在处理输入时，能够基于上下文信息做出更加合理和准确的响应。

A．语境学习　　　　　B．自主学习　　　　　C．自一致　　　　　D．提示学习

【研究性学习】练习撰写提示词

我们说：提示扮演着至关重要的角色，它不仅是用户与人工智能模型交互的桥梁，更是一种全新的"编程语言"。请在熟悉本章内容的基础上，仔细体会 5.5 节提出的一些提示词写作技巧，并根据以下内容，练习撰写提示词，熟悉提示词的编写方法，提高应用 LLM 的效率。

（1）从简单提示开始。在设计提示时，记住这是一个迭代过程，需要通过大量实验来获得最佳结果。使用像 OpenAI 或 Cohere 这样的简单平台是一个很好的起点。

可以从简单提示开始，随着目标获得更好的结果，不断添加更多的元素和上下文。在此过程中对提示进行版本控制至关重要。具体、简洁和简明的例子通常会带来更好的结果。

当有一个涉及许多不同子任务的大任务时，可以尝试将任务分解为更简单的子任务，并随着获得更好的结果而不断构建任务。这避免了在提示设计过程中一开始就添加过多的复杂性。

（2）指令。可以使用指令来指示模型执行各种简单任务，例如"写入""分类""总结""翻译""排序"等，从而为各种简单任务设计有效的提示。

需要进行大量的实验，以查看哪种方法最有效。使用不同的关键字、上下文和数据尝试不同的指令，看看哪种方法最适合特定的用例和任务。通常情况下，上下文越具体且与要执行的任务越相关，效果越好。

也有人建议将指令放在提示开头，用一些明显的分隔符，如"###"，来分隔指令和上下文。例如：

提示：

###指令 ###将以下文本翻译成西班牙语："hello!"

（3）具体性。对希望模型执行的指令和任务，提示越具体和详细，结果就越好。当有所期望的结果或生成样式时，这一点尤为重要。没有特定的词元或关键字会导致更好的结果。更重要的是具有良好的格式和描述性提示。实际上，在提示中提供示例非常有效，通过这种方法可以以特定格式获得所需的输出。

在设计提示时，还应考虑提示的长度，因为提示的长度有限制。包含太多不必要的细节并不一定是一个好方法。这些细节应该是必要的，并有助于完成手头的任务。鼓励进行大量实验和迭代，以优化应用程序的提示。

例如，我们尝试从一段文本中提取特定信息的简单提示。

提示：

提取以下文本中的地名。所需格式：地点：<逗号分隔的公司名称列表> 输入："虽然这些发展对研究人员来说是令人鼓舞的，但仍有许多谜团。里斯本香帕利莫德中心的神经免疫学家恩里克·维加-费尔南德斯说：'我们经常在大脑和我们在周围看到的效果之间有一个黑匣子。'

'如果我们想在治疗背景下使用它，我们实际上需要了解机制。'"

输出：

地点：里斯本，香帕利莫德中心

（4）避免不精确。关于详细和格式改进的提示很容易陷入过于聪明的提示陷阱，从而可能创建不精确的描述。通常最好的提示是具体和直接的，类似于有效的沟通——越直接，信息传递就越有效。

例如，如果有兴趣了解提示工程的概念，可以尝试这样做：

解释提示工程的概念。保持解释简短，只有几句话，不要过多描述。

虽然从上面的提示中不能弄清楚要使用多少句话和什么样的风格，仍然可以通过上面的提示获得良好的响应，但更好的提示是非常具体、简洁和直接的。例如：

使用2～3句话向高中学生解释提示工程的概念。

（5）做还是不做？

设计提示时的另一个技巧是避免说不要做什么，而应该说要做什么。鼓励提示更具体化，并关注让模型产生良好响应的细节。

以下是一个电影推荐聊天机器人的示例。

提示：

以下是向客户推荐电影的代理程序。代理负责从全球热门电影中推荐电影。它应该避免询问用户的偏好并避免询问个人信息。如果代理没有电影推荐，它应该回答"抱歉，今天找不到电影推荐。"

······

顾客：请根据我的兴趣推荐一部电影。

客服输出：

抱歉，我没有关于您感兴趣的任何信息。不过，这是目前全球热门的电影列表：[电影列表]。希望您能由此找到自己喜欢的电影！

实验总结

_____

_____

_____

_____

实验评价（教师）

_____

_____

_____

第6章
AIGC 赋能工作

AIGC 根据自动化、智能化的内容产生处理能力，不仅极大地提高了工作效率，还为企业和个人带来了创新的可能，开启了办公和创作的新时代。此外，使用类似 Microsoft Copilot 这样的工具，能够集成 AIGC 功能到 Word、Excel、PPT 等办公软件中，根据用户上下文提供个性化建议，辅助创作和编辑，提升个人工作效率。

6.1 AIGC 促进办公自动化

在办公自动化（Office Automation，OA）领域，应用 AIGC 技术的自动化、智能化解决方案正逐步渗透到各个环节，不仅显著提高了工作效率，还促进了工作方式的创新，为企业数字化转型和智能化升级提供了强大动力。在日常办公环境中，AIGC 可以嵌入办公软件，如通过 LLM 在 Word、Excel、PowerPoint 中的应用，帮助撰写报告、进行数据分析、制作演示文稿等，显著提升个人和团队的工作效率。

AIGC 赋能工作

▶▶▶ 6.1.1 机器人流程自动化

所谓机器人流程自动化（RPA）是以软件机器人及人工智能为基础的业务过程自动化科技，它是一种应用程序，通过模仿最终用户在计算机上的手动操作方式，使最终用户的手动操作流程自动化。

在传统的工作流自动化技术工具中，首先由程序员产生自动化任务的动作列表，在此基础上再用内部的 API 或专用的脚本语言作为和后台系统之间的界面。RPA 系统会监视使用者在应用软件中的图形用户界面（Graphical User Interface，GUI）所进行的工作，并且直接在 GUI 上自动重复这些工作，因此可以减少产品自动化的阻碍。

可见，RPA 工具在技术上类似 GUI 测试工具，这些工具会自动地和 GUI 互动，而且会由使用者示范其流程，再用示范性编程来实现。RPA 工具允许资料在不同应用程序之间交换，例如接收电子邮件可能包括接收付款单、取得其中资料并将其输入簿记系统。

通过集成 RPA 系统，AIGC 使得办公流程的执行更加智能化。例如，员工可以通过简单的聊天指令触发自动化流程，如文件归档、数据录入、报告生成等，大大减少了手动操作的时间，降低了错误率。

▶▶▶ 6.1.2　AIGC 与 RPA 结合

虽然 AIGC 与 RPA 属于不同的技术范畴，但它们在数字化转型和自动化工作中可以形成互补，共同提升工作效率和智能化水平。它们的结合还能通过智能化的内容生成和分析能力，提升企业的运营效率、决策质量和用户体验，推动工作方式的智能化转型。

AIGC 与 RPA 之间关系的几个关键点如下。

（1）内容自动化与个性化：AIGC 擅长自动生成各种形式的内容，如文本、图像、音频和视频，这为 RPA 处理内容相关的业务流程提供了丰富的素材和信息来源。例如，在营销自动化中，RPA 可以利用 AIGC 生成的个性化邮件内容，自动执行邮件营销活动。

（2）智能决策支持：利用大数据和机器学习算法，AIGC 能够自动分析大量企业数据，生成有价值的洞察和可视化报告，而 RPA 可以基于这些洞察和可视化报告自动执行后续的决策流程。比如，在财务分析中，AIGC 分析财务报表生成预测报告，RPA 则根据报告自动调整预算分配或财务策略，从而为管理层提供及时的决策支持信息，加快决策过程并提升决策质量。

（3）工作流程优化：RPA 擅长处理规则明确的重复性任务，而 AIGC 可以为需要创造性或个性化处理的环节提供支持。结合两者，可以构建更加智能和灵活的工作流程，如在客户服务中，RPA 处理标准化查询，AIGC 生成个性化回复或建议。

（4）数据处理与分析：AIGC 能够从海量数据中提取模式，生成分析报告，而 RPA 可以自动抓取数据、整理数据并触发 AIGC 进行分析，从而实现数据处理的闭环。例如，电商平台利用 RPA 收集用户行为数据，AIGC 据此生成个性化推荐策略。

（5）交互式智能客户服务：在客户服务和企业内部场景中，RPA 驱动的聊天机器人可以集成 AIGC 技术，自动生成回复内容，提供更加人性化和智能化的交互体验，减轻人工客服负担，提供初步解决方案，甚至在某些情况下执行故障排除步骤，显著提升响应速度和服务质量。

（6）创意与设计自动化：AIGC 在设计领域生成创意内容，如广告图、产品原型等，而 RPA 可以将这些内容自动部署到不同平台或集成到工作流程（如自动更新网站内容、社交媒体发布等）中。

AIGC 技术能够整理和归纳企业内部知识库，自动创建、更新知识图谱，帮助员工更快地找到所需信息，促进团队间的知识共享和创新合作。AIGC 支持的会议记录工具能够自动转录会议对话、生成会议纪要，甚至能够分析会议内容、提炼行动点，从而提升远程和混合办公环境下的沟通效率。

6.2　AIGC 赋能个人工作

AIGC 在赋能个人工作方面展现出了巨大的潜力，它通过自动化和智能化的工具显著提升了工作效率与创造力。AIGC 在不同领域赋能个人工作的一些实例如下。

（1）内容创作：对于作家、编辑、新媒体运营等职业，AIGC 可以辅助进行快速文案撰写、创意构思，甚至进行自动摘要和多语言翻译，提高内容产出的速度和多样性。例如，很多 LLM 工具都可以帮助个人快速生成文章草稿、社交媒体帖子或视频剧本。

（2）设计与视觉艺术：设计师和艺术家利用 AIGC 可以快速生成图像内容、视频内容或 3D 模型，无论是用于网页设计、UI/UX 原型，还是 NFT 艺术品创作。这不仅能够加速创意的可视化过程，还能够提供无限的设计变体。

（3）产品开发与工业设计：在产品设计初期，AIGC 能够协助完成市场调研、趋势分析，并生成初步设计方案，缩短设计周期。同时，AIGC 还能够辅助生成技术文档和需求规格说明书，提高研发团队的协作效率。

（4）新闻与媒体：新闻工作者可以通过 AIGC 技术快速整理数据、生成新闻摘要，甚至编写基础报道，尤其是在处理大量数据新闻和实时报道时 AIGC 技术更为有效。这使得记者有更多时间专注于深度报道和新闻核查。

（5）数据分析与决策支持：无论是在市场营销、财务管理还是在业务分析领域中，AIGC 都能处理大量数据，快速生成报告和预测模型，为个人决策提供有力支持。

尽管 AIGC 带来了诸多优势，但也引发了关于创意自主性、版权，以及对人类工作岗位影响的讨论。因此，在享受技术便利的同时，个人也需要不断提升自身的专业技能和创新能力，与 AIGC 技术相辅相成，实现更高效和更具创造性的产出。

▶▶▶ 6.2.1　弥补非专业知识

虽然现在的 AIGC 还不够成熟，还无法在用户的专业领域中超越用户，但是它能在用户的非专业领域中，帮助消除个人的短板。比如，一位小企业主擅长管理和经营，那么 AIGC 技术可以帮助解决很多没时间或没钱请人做的事情。又如，企业主想成立一个新品牌，现在就有一些可以自动创建 Logo 的人工智能平台，可以快速地帮助企业把品牌的 VI（Visual Identity，视觉识别）体系做出来。

同样，假设你要写一份专业文案，现在也可以不需要设计师支持，使用 AIGC 画图来验证文案的反馈也许更快。对行政主管或人力资源经理来说，有了 AIGC，就可以独立完成一些原先需要业务部门配合的工作；对 4S 店的一些销售员来说，写文案的难度可能较大，现在 AIGC 完全可以协助他们完成诸如直播脚本、新媒体内容等工作。所以，AIGC 可以极大地帮助很多职场人，使用 AIGC 也能节省很多跨部门协作的时间。

▶▶▶ 6.2.2　创作省时或验证

文本是所有广告内容创作的起点，有了正确的文本代表有了正确的创作方向，后续出现的问题都容易解决。最怕没想清楚就开始创作文本，以致于可能要反复调整表达内容。不过，如果当前确实还没有想清楚，这时，人工智能给你的回答也会超过你一般的合作伙伴的回答，起码你可以快速去验证某个创意到底能不能用。

比如，人工智能根据我们的需求写了一段视频旁白。乍一看也许觉得挺好，但当让真人或人工智能人声朗读这段视频旁白时，总感觉"味儿不对"。这样你也许会明白自己的文案到底需要在哪里进行修改，以及要改成什么风格。反复试读和品味，才能去芜存菁。

一般的内容创作并不要求文案人员能"写诗"，而是要求能写出有诗意的好句子，而且不能有刻意雕琢之感，要简单且留有想象的空间。所以，句子越短越难写，对人工智能来说也不例外。反倒是大量知识性的、推销式的、排比类的句子，人工智能会比人更会写。最常见的例子就是企业的公关新闻稿，只要给定具体主题和需要传达的信息，人工智能就能快速地帮你写出任何想要的文案。

人工智能还可以模仿达人类的语气来写内容，结合具体产品的特征训练模型，可以批量快速产生大量的仿生内容和直播脚本，节省人们进行营销执行的时间。

▶▶▶ 6.2.3　构思拒绝平庸

从文本到图片、视频生成的跨越，是 AIGC 让很多广告人"害怕被颠覆"的重要原因。但由于 AIGC 技术还不够成熟，图片的生成数量和质量都还不够稳定，还不能够完全取代人工，尤其是在偏向于品牌运营的场景中。比如，品牌的官方新媒体代运营对内容的创意性要求不高，但对内容的准确性要求极高，而 AIGC 技术恰恰还很难解决这一难点。

但是，在整合营销或体验营销的领域，当品牌主要求利用创意为品牌增光添彩的时候，AIGC 能发挥的空间就比较大了。例如，很多创意设计者都在积极拥抱 AIGC，不管是签约 AIGC 艺术家，还是自己孵化 AIGC 创意厂牌，本质上都是对其原有服务的一次升级。

事实上，AIGC 只是一种工具，有创意的人用工具会更有创意，精益求精的人可以多出几个方案，但是没想法的人在使用工具时也许会感到吃力不讨好。因此，如果觉得 AIGC 也解决不了你最初的问题，就不要犹豫，果断地去寻找其他可替代的解决方案。

▶▶▶ 6.2.4　物料制作"最后一公里"

首先看一看音频制作。目前，市面上的人工智能配音工具（包括剪映的声音克隆等功能），虽然提供了不少人工智能配音采样，但受限于标准化的语速和语气，只适用于短视频、模板化广告和电视播音等领域。而且，这种人工智能配音效果太"普遍"，很难应用在商业广告中。专业配音演员的定制化配音具有独一无二的艺术性，是目前的人工智能配音很难替代的。

其次看一看图片物料制作（见图 6-1）。人工智能制作图片的速度确实很快，但品质不能得到保证。用人工智能仅能初步解决广告营销工作流的一个环节，如果想直接使用，还是需要人工的高度介入。

图 6-1　AIGC 生成的广告图片物料

尤其是人工智能图片会破坏品牌 Logo，这对品牌主来说是"致命伤"。如何通过人工修复品牌 Logo 是跑完"最后一公里"的首要难题。

好在人工智能可以解决很多前期决策的问题。比如，设计师平时只要多注意积累，保存一些经典图片和对应提示词，就能在实际交付中随时抽调自己的素材参考库。这样，在前期与需求方沟通时，能打破很多沟通盲区，形成清晰、明确的参照物，有效规避画风跑偏的情况。

最后看一看视频的制作。Sora 等平台的出现，可能会对不少售卖视频素材的公司产生冲击，但高品质的 AIGC 视频其实还无法生成。一方面，广告片需要对真实产品进行呈现，目前人工智能视频平台一般还做不到；另一方面，常规画面的质量（包括主体内容的连贯性、画面的结构与运动逻辑的正确性等）还不够稳定，单靠"文生视频"很难解决，还需要"文生图，图再生视频"去弥补，这无形中增加了一道生产环节。目前唯一可标准化的，是数字人新闻播报类的模板化视频。这类视频用在数字展厅等场合还凑合，但离真正的广告片还很远。

6.3 案例：AIGC 助力 Excel 图形化

在数据分析中，数据可视化扮演着至关重要的角色。作为一款常用工具，Excel 提供了丰富的图形展示功能。利用 AIGC，我们可以快速选择合适的图形类型，并进行专业的配置，从而使得数据展示更加吸引人且具有更好的效果（见图 6-2）。

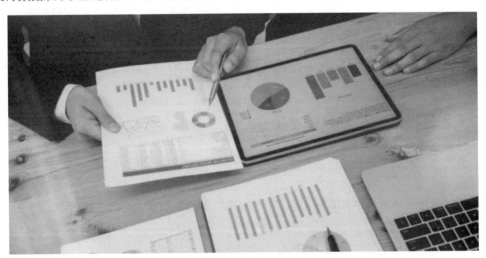

图 6-2　AIGC 助力 Excel 图形化技巧

本节我们学习如何利用 AIGC 在 Excel 中完成数据的可视化展示，包括如何使用 AIGC 完成饼图和帕累托图的制作和设置，AIGC 将为使用者提供清晰的思路、明确的行动方向以及具体的实操指导。

▶▶▶ 6.3.1　构建可视化思维与目标

Excel 中有多种图表类型可供选择，我们可以根据数据和目的选择最合适的图表。如果不确定哪种图表最适合数据，可以单击 Excel 中的"推荐的图表"按钮，让 Excel 自动推荐一些合适的图表类型，并预览它们的效果。

借助人工智能，我们可以更快地完成图表选择和可视化配置。人工智能能够帮助我们解决以下 3 个问题。

（1）想要通过图形传达什么样的结论或信息，这是数据可视化的出发点。

（2）选择什么样的图形才能有效地达成我们的目标。

（3）如何配置图形，使数据可视化更清晰、信息表达更突出。

假设我们已经在 Excel 中生成了一份数据汇总表格（表 6-1），想要通过可视化展示一些关键信息。在选择可视化方向之前，可以先听听人工智能的建议，看看它能否给出一些有价值的思路；再结合自己的业务经验，确定最合适的展示方式。

表 6-1　商品销售额汇总

品类	访问量/次	销售量/件	销售额/元
食品酒水	1169007	8476	4784536
生活小电器	999668	9860	586118
电视	1204302	3125	7721980
精品家纺	1462894	6013	439457
数码	985203	6485	1392518
厨卫大电	1212689	1530	1450999
钟表首饰	792193	4251	1454904
洗衣机	72554	7404	15540149

示例提示指令如下。

[Bing Copilot]：你有一份关于各个品类汇总后的访问量、销售量和销售额数据，准备通过图形展示一些数据结论，你打算怎么做？

Bing Copilot 根据提示指令，给出如下可视化建议。

根据当前网页的内容，你可以选择柱状图、饼图或散点图来展示不同品类的访问量、销售量和销售额之间的关系。例如：

柱状图可以直观地比较不同品类在某一指标上的表现，如精品家纺的访问量最高，而洗衣机的销售额最高。

饼图可以清楚地显示不同品类在总量上的占比，如食品酒水占总销售额的 32.7%，电视占总销售额的 52.8%。

散点图可以揭示两个指标之间的相关性，如访问量和销售量呈正相关，访问量和销售额呈负相关。

你可以使用 Excel 或 PowerPoint 等工具来制作这些图形，并添加一些文字说明来突出数据分析的要点。

通过人工智能的建议，我们可以粗略地理解数据之间的关系，并且该建议为选择最合适的图表类型来展示数据，从而为使数据分析更加直观和易懂提供了基本方向。

▶▶▶ 6.3.2　聚焦业务价值与主题

虽然 AIGC 提供了一些基本方向，但我们可以进一步提问，看看是否能够发现更多有意义的结论，并举一些例子来激发其创造力，拓宽其思维。

在相同的会话中，输入以下提示指令。

[Bing Copilot]：除了上述想法外，能否使用一些更复杂的图形，或者表达更复杂一些的结论呢？比如结合一些常用的分析理论（例如二八定律、ABC 分层或者其他类似的理论、模型等）的图形展示。

Bing Copilot 根据提示指令，给出了更多可视化建议。

你好，这是必应。除了柱状图、饼图或散点图之外，你还可以使用一些更复杂的图形来展示数据分析的结论，或者结合一些常用的分析理论来增强数据的解释力。举例如下。

帕累托图：这是一种用来展示二八定律的图形，可以帮助你找出影响结果的主要因素。例如，你可以用帕累托图来分析哪些品类占了总销售额的 80%，或者哪些因素导致了访问量的下降。

ABC 分析法：这是一种基于二八定律的升级方法，可以将分析对象分为三类，分别是重点、次重点和非重点。例如，你可以用 ABC 分析法来对库存商品进行分类，根据库存金额和商品数量来制定不同的管理策略。

其他理论或模型：根据你的数据分析目的和场景，你还可以选择其他适合的理论或模型来辅助你的数据分析，如 SWOT 分析、波士顿矩阵、马斯洛需求层次理论等。

你可以使用 Excel 或 PowerPoint 等工具来制作这些图形，并添加一些文字说明来突出数据分析的要点。

通过以上建议，我们可以初步确定几个图形可视化主题。

（1）利用饼图展示各个品类在总销售额中的占比，突出销售是促销活动的核心目标。

（2）利用帕累托图展示各个品类在总销售额中的累计贡献，以确定公司的核心经营品类。

▶▶▶ 6.3.3 Excel 饼图可视化

在确定了 AIGC 的图形可视化主题后，需要进一步实施 Excel 图形可视化操作。这个过程也可以让 AIGC 输出完整的操作指南。

在本小节中，让 AIGC 辅助完成饼图可视化制作，提示指令如下。

[Bing Copilot]：我想要在 Excel 中通过饼图来展示各个品类的销售额占比，以确定不同品类的销售贡献。请告诉我该如何专业、有效地设置饼图。

Bing Copilot 根据提示指令，详细陈述如何设置饼图，同时还提供了如何让图形更加专业的各项建议。

你好，这是必应。我可以帮助你在 Excel 中制作饼图。你可以按照以下步骤操作。

1. 在 Excel 中选中包含品类和销售额两列的数据表。

2. 在"插入"选项卡中，点击"饼图"按钮，然后从下拉菜单中选择你喜欢的饼图样式，例如"2D 饼图"或"3D 饼图"。

3. Excel 会在数据表旁边生成一个饼图，你可以根据需要调整其位置和大小。

4. 为了让饼图更专业、有效，你可以进行以下设置。

在"设计"选项卡中，点击"快速布局"，然后从弹出菜单中选择一个合适的布局样式，例如"布局 1"或"布局 2"。这样可以为你的饼图添加一个清晰的标题和图例。

在"格式"选项卡中，点击"形状样式"，然后从弹出菜单中选择一个合适的颜色方案，例如"彩色 01"或"彩色 2"。这样可以为你的饼图赋予一个美观的配色。

在饼图上右击，选择"添加数据标签"，然后再次右击，选择"格式数据标签"，在弹出窗口中勾选"百分比"。这样可以在你的饼图上显示每个品类的销售额占比，便于比较。

如果你想突出某个品类，你可以在饼图上单击相应部分，然后稍微向外拖动它。这样可以为你的饼图创造一个突出效果。

在 AIGC 的引导下，结合自身经验，我们完成了饼图的设置和展示（见图 6-3）。

通过以上操作，我们可以更好地利用 AIGC 辅助完成 Excel 图形可视化，让数据更加直观、清晰地展现出来。

图 6-3　Excel 中的饼图设置结果

▶▶▶ 6.3.4　Excel 帕累托图可视化

在本小节中，我们将详细介绍如何使用 AIGC 辅助完成 Excel 中帕累托图的制作，从而更直观地展示各个品类在总销售额中的累计贡献，确定公司的核心经营品类。

按照类似的操作步骤，将如下提示指令输入 Bing Copilot。

[Bing Copilot]：我想要在 Excel 中通过帕累托图展示销售额累计贡献，以确定公司的核心经营品类。请告诉我该如何专业、有效地设置帕累托图。

Bing Copilot 根据提示指令，给出如下操作建议。

好的，我可以帮你在 Excel 中通过帕累托图展示销售额累计贡献，以确定公司的核心经营品类。请按照以下步骤操作。

1. 在 Excel 中选择你的数据表，包括品类和销售额两列。

2. 打开"数据"菜单，选择"排序"，然后按照销售额从大到小排序你的数据。

3. 在你的数据表旁边，添加一列，命名为"累计销售额"，然后使用公式 =SUM(2:B2) 计算每个品类的累计销售额。

4. 在你的数据表旁边，再添加一列，命名为"累计占比"，然后使用公式 =C2/SUM(2:9) 计算每个品类的累计占比。

5. 在 Excel 中选择你的数据表，包括品类、销售额和累计占比三列。

6. 打开"插入"菜单，选择"柱形图"图标，然后选择"簇状柱形图"样式。

7. Excel 自动生成一个柱形图，并显示在数据表旁边。可以拖动或调整柱形图的位置和大小。

8. 为了让柱形图变成帕累托图，你可以进行以下设置。

单击柱形图，然后打开"设计"菜单，选择"更改图表类型"，然后选择"组合"选项卡，然后将累计占比系列的图表类型改为"折线图"。

单击柱形图，然后打开"格式"菜单，选择"当前选中项"，然后选择"累计占比"系列，然后点击"格式数据系列"，然后将其绘制到次坐标轴上。

单击柱形图，然后打开"设计"菜单，选择"快速布局"，然后选择一个合适的布局样式，如"布局 9"。这样可以让你的帕累托图有一个清晰的标题和图例。

单击柱形图，然后打开"格式"菜单，选择"形状样式"，然后选择一个合适的颜色方案，如"彩色 1"或"彩色 2"。这样可以让你的帕累托图有一个美观的配色。

单击柱形图，然后单击"添加标签"按钮，然后选择"数据标签"，然后选择"数值"。这样可以让你的帕累托图显示每个品类的销售额和累计占比。

在 AIGC 的引导下，结合自身经验，我们完成了帕累托图的设置和展示（见图 6-4）。

图 6-4　Excel 中的帕累托图设置结果

通过以上操作，我们可以更加专业和高效地使用 AIGC 辅助完成 Excel 中帕累托图的制作，从而更直观地展示各个品类在总销售额中的累计贡献，确定公司的核心经营品类。

此外，可以尝试制作其他图形，但要注意人工智能可能会忽略一些图形设置技巧，影响可视化效果。例如，制作饼图应按降序排序，制作雷达图应进行归一化处理，制作折线图应选择平滑线。这些技巧涉及的是逻辑、原则、规律或经验。AIGC 只是辅助工具，我们自己要有积累和创新。

6.4　案例：AIGC 打造电商品牌文案

百度优选是百度 2023 年 5 月全新推出的电商品牌（见图 6-5），以"百度优选，超会选"为品牌主张，致力于为用户提供高效、精准、专业的消费决策支持。为了在新品牌成长初期快速建立品牌认知，设计团队通过大促营销活动、行业生态大会等大事件进行了多轮品牌心智打造，逐步强化消费者对百度优选的品牌感知。

图 6-5　百度优选

▶▶▶ 6.4.1　新品牌的建立

作为品牌的镜子，新品牌Logo在设计层面上表达了全新的品牌内核。围绕"购物""亲和""优选"三大关键词进行设计联想，借助购物袋、笑脸、优字母（U&YOU）、度字首字母（D）图形进行设计表达，向用户传递选"购"的乐趣（见图6-6）。

图6-6　新品牌Logo设计

经过5轮、70+设计方案探索敲定最终图形方案，囊括百度品牌基因度字首字母（D）、笑脸、购物袋、优（U）的Logo方案应运而生。新Logo色彩选用"优选红"，试图通过暖色系的正向引导，促进消费者购物欲及信任感的提升（见图6-7）。

图6-7　设计方案的敲定

结合新品牌图形，设计团队围绕11.11、12.12、3.8、8.18等多轮重点大促活动刻入品牌心智，长线强化用户的品牌认同感（见图6-8）。

图 6-8 围绕活动强化品牌认同感

下面以"11.11"("双十一")大促活动为例，介绍在品牌认同感强化上的设计思考。

▶▶▶ 6.4.2 品牌心智概念设定

随着社会的发展和生活水平的不断提高，"夜经济"概念逐步兴起，为了持续满足用户夜间的购物需求，百度优选围绕人工智能创新方向，在"双十一"推出数字人直播"日不落计划"。通过 7×24 小时"数字人直播"，为客户端用户提供更加便捷和灵活的购物体验。此外，结合搜索人工智能购物助手"智能导购"的专业推荐，提供更周到的服务，提升用户选购效率。

两款人工智能购物产品带来了新业态和新消费模式的变化，设计团队以此为切入点，围绕"造场景-节日化""造趋势-智能化""造品质-营销化""造记忆-品牌化"展开"双十一"品牌心智的概念设定（见图 6-9）。

图 6-9 "双十一"品牌心智的概念设定

▶▶▶ 6.4.3　品牌心智刻入

结合四大"双十一"品牌心智方向，设计关键词和元素，融入 3C 数码、食品酒水、服饰穿搭、美妆个护等重点品类元素进行主视觉设计（见图 6-10）。

图 6-10　主视觉设计

（1）视觉理念

主视觉围绕"夜生活"进行场景搭建，透传电商行业 24 小时新业态，星空、礼花和商品环绕营造节日化氛围；数字人直播和智能推荐新消费模式的概念融入，传递智能电商新趋势；品牌符号和 IP 的持续曝光强化品牌记忆；3D 化的高精设计展现品类元素，传递电商营销感知（见图 6-11）。

图 6-11　主视觉

（2）品类会场

在品类会场设计上，设计团队通过梳理发现两大设计难点。

① 品类活动频次高："双十一"期间共上线九大品类会场，素材量大且人手严重紧缺。

② 既要品牌感又要差异化：在九大品类会场差异化表达的诉求下，需要进行百度优选品牌渗透。

结合以上设计难点，AIGC 正好可以解决我们面临的问题。首先，围绕品牌 Logo 提取超级符号微笑曲线，通过图形的融入传递微笑服务的感知，强化品牌记忆的心智透传。通过 AIGC 元素生成/设计二次创作产出终版视觉方案，经过与人工设计对比，人工智能创辅单一活动页面设计效能大幅提升。效能的快速提升使"素材量大、人力吃紧"的问题迎刃而解。

围绕九大品类会场制定 5 套品类配色方案，通过色彩造成视觉差异，成套视觉方案在风格展现一致的基础上运用 AIGC 批量产出（见图 6-12）。

图 6-12 5 套品类配色方案

可见，人工智能创作为设计工作带来极大便捷，结合创意辅助的效能加持，80+品类组件沉淀至资源库，可以长远复利后续的运营设计工作。最后，我们围绕"搜索/商城/直播"三大场域、十一大玩法及重点资源位，进行了主视觉风格的全面覆盖，促成活动的统一展现（见图 6-13）。

图 6-13 活动的统一展现

【作业】

1．所谓（　　）是以软件机器人及人工智能为基础的业务过程自动化科技，它是一种应用程序，通过模仿最终用户在计算机上的手动操作方式，使最终用户的手动操作流程自动化。

    A．RPA   B．GUI   C．AGI   D．GAI

2．机器人流程自动化系统会监视使用者在应用软件中的（　　）所进行的工作，并且直接在其上自动重复这些工作，因此可以减少产品自动化的阻碍。

    A．RPA   B．GUI   C．AGI   D．GAI

3．AIGC通过自动化、智能化的内容生成和处理能力，赋能工作，实现高效办公，这主要表现在（　　）等方面。

① 提高内容创作效率   ② 提高成本，增加开支
③ 数据分析与决策支持   ④ 个性化与定制化

    A．①②④   B．①②③   C．①③④   D．②③④

4．AIGC正在创新工作流程，改变传统的生产流程，比如在游戏开发、广播影视制作中，它能加速（　　）等工作，使团队更快迭代产品，缩短产品上市时间。

① 资金流通 ② 场景构建 ③ 素材整理 ④ 脚本编写

    A．②③④   B．①②③   C．①②④   D．①③④

5．AIGC能自动生成（　　）等，优化知识管理和信息检索系统，使员工更快速地找到所需信息，提升工作效率。

① 摘要 ② 标签 ③ 索引 ④ 目录

    A．①③④   B．①②④   C．②③④   D．①②③

6．在日常办公环境中，AIGC可以（　　）办公软件，如通过LLM在Word、Excel、PowerPoint中的应用，帮助撰写报告、进行数据分析、制作演示文稿等，显著提升工作效率。

    A．链接   B．联合   C．嵌入   D．取代

7．虽然AIGC与RPA属于不同的（　　），但它们在数字化转型和自动化工作中可以形成互补，共同提升工作效率和智能化水平。

    A．体量大小   B．复杂程度   C．经济规模   D．技术范畴

8．AIGC和RPA的结合能通过智能化的内容生成和分析能力，提升企业的（　　），推动工作方式的智能化转型。

① 运营效率 ② 决策质量 ③ 知名程度 ④ 用户体验

    A．①③④   B．①②③   C．①②④   D．②③④

9．AIGC技术能够整理和归纳企业内部知识库，（　　）。

① 自动创建、更新知识图谱   ② 改进计算机系统结构和操作系统
③ 帮助员工更快地找到所需信息 ④ 促进团队间的知识共享和创新合作

    A．①③④   B．①②④   C．①②③   D．②③④

10．AIGC支持的会议记录工具能够（　　），从而提升远程和混合办公环境下的沟通效率。

① 远程传输会议实况   ② 自动转录会议对话
③ 生成会议纪要和分析会议内容 ④ 提炼行动点

    A．①②③   B．②③④   C．①②④   D．①③④

11．AIGC 在赋能个人工作方面展现出了巨大的潜力，它通过自动化和智能化的工具显著提升了工作效率与创造力。AIGC 在不同领域赋能个人工作的一些实例包括（　　　）。

① 内容创作　② 新闻与媒体　③ 设计与视觉艺术　④ 业务统计

    A．①③④　　　　　B．①②④　　　　　C．②③④　　　　　D．①②③

12．对于（　　　）等职业，AIGC 可以辅助进行快速文案撰写、创意构思，甚至进行自动摘要和多语言翻译，提高内容产出的速度和多样性。

① 作家　② 编辑　③ 会计　④ 新媒体运营

    A．②③④　　　　　B．①②③　　　　　C．①②④　　　　　D．①③④

13．设计师和艺术家利用 AIGC 可以快速生成(　　　)，这不仅能够加速创意的可视化过程，还能够提供无限的设计变体。

① 图像内容　② 数据内容　③ 视频内容　④ 3D 模型

    A．①③④　　　　　B．①②④　　　　　C．①②③　　　　　D．②③④

14．在产品设计初期，AIGC 能够协助完成（　　　），缩短设计周期。同时，AIGC 还能够辅助生成技术文档和需求规格说明书，提高研发团队的协作效率。

① 市场调研　② 趋势分析　③ 科学计算　④ 生成初步设计方案

    A．①③④　　　　　B．①②④　　　　　C．①②③　　　　　D．②③④

15．新闻工作者可以通过 AIGC 技术（　　　），尤其是在处理大量数据新闻和实时报道时 AIGC 技术更为有效。这使得记者有更多时间专注于深度报道和新闻核查。

① 快速整理数据　② 生成新闻摘要　③ 编写基础报道　④ 改进文字质量

    A．①③④　　　　　B．①②④　　　　　C．②③④　　　　　D．①②③

16．在（　　　）领域中，AIGC 都能处理大量数据，快速生成报告和预测模型，为个人决策提供有力支持。

① 市场营销　② 财务管理　③ 业务分析　④ 科学计算

    A．①③④　　　　　B．①②④　　　　　C．①②③　　　　　D．②③④

17．尽管 AIGC 带来了诸多优势，但也引发了关于（　　　）的讨论。因此，在享受技术便利的同时，个人也需要不断提升自身的专业技能和创新能力。

① 创意自主性　　② 版权　③ 营销规模　④ 对人类工作岗位影响

    A．①②④　　　　　B．①③④　　　　　C．①②③　　　　　D．②③④

18．虽然现在的 AIGC 还不够成熟，还无法在用户的专业领域中超越用户，但是它能在用户的（　　　）领域中，帮助消除个人的短板。

    A．专业　　　　　　B．非专业　　　　　C．专门技能　　　　D．领先

19．在整合营销或体验营销的领域，当品牌主要求利用创意为品牌增光添彩的时候，AIGC 能发挥的空间就比较（　　　）了。

    A．没必要　　　　　B．有限　　　　　　C．小　　　　　　　D．大

20．目前，市面上的人工智能配音工具，虽然提供了不少人工智能配音采样，但受限于标准化的语速和语气，只适用于（　　　）等领域，很难应用在商业广告中。

① 短视频　② 电视播音　③ 电影译制　④ 模板化广告

    A．②③④　　　　　B．①②③　　　　　C．①②④　　　　　D．①③④

【研究性学习】熟悉讯飞公文写作工具——讯飞绘文

    科大讯飞是国内一家在智能语音与人工智能领域领先的科技公司，讯飞绘文（原星火内容

运营大师）是科大讯飞推出的一款专为内容运营工作者打造的免费人工智能写作平台。

这里所谓的"内容运营工作者"是指负责管理和优化在线平台或产品中所有内容的专业人士，其核心目标是使用高质量、有价值的内容吸引用户、提高用户参与度、提升用户留存率，并最终实现商业目标。他们的职责广泛，覆盖内容策略规划、内容创作与编辑、内容发布与分发、内容优化、内容营销以及数据分析等多个环节。

内容运营工作者的具体工作内容可包括但不限于以下方面。

（1）内容策略规划：根据产品定位、用户画像及市场趋势，规划内容主题、格式、发布时间表等，以满足目标用户群体的需求。

（2）内容创作与编辑：撰写原创文章、制作视频、设计图文、录制播客等，同时对现有内容进行编辑、校对，确保内容的质量、准确性和吸引力。

（3）内容发布与分发：通过网站、社交媒体、邮件、博客等多种渠道发布内容，并优化内容在搜索引擎的可见度，扩大内容的覆盖面。

（4）用户互动与社区管理：鼓励用户评论、分享、参与内容讨论，建立和维护积极健康的用户社区，增强用户黏性。

（5）数据分析与内容优化：运用数据分析工具监测内容表现，如浏览量、点击率、用户停留时间等，据此调整内容策略，持续优化内容效果。

（6）内容营销：设计并执行内容营销计划，如举办线上活动、进行合作推广、推送内容广告等，以内容为载体促进品牌认知度和产品销量的提升。

内容运营工作者不同于传统的编辑，他们不仅要保证内容的创意与质量，还需具备一定的市场洞察力、数据分析能力和营销策略思维，能够在内容与用户、产品与市场之间架起桥梁，推动业务增长。基于讯飞星火认知大模型的强大人工智能创作能力，讯飞绘文支持热门选题推荐、海量选题生成、文章一键生成、一键排版、人工智能生成配图等功能，可结合热点、节日、文章、图片材料等一键生成文章，为内容运营工作者提供创意，让内容创作更轻松。

讯飞绘文致力于为内容运营工作者打造一个可人机协同运营的工作台，辅助完成内容运营过程中的信息收集、整理、运营等重复性工作，让内容运营工作者能够专注高效，释放创意。

1. 实验目的

（1）了解 AIGC 助力高效 OA 的基础知识，熟悉主流的 LLM 平台。

（2）熟悉科大讯飞的 AIGC 工作平台，掌握"讯飞绘文"平台的主要功能。

（3）借助讯飞绘文平台，尝试完成自己的 AIGC 作品。

2. 实验内容与步骤

（1）请仔细阅读本章内容，熟悉 AIGC 赋能工作的课程知识。

（2）建议下载并安装讯飞绘文，登录讯飞绘文 AIGC 平台（见图 6-14），操作和熟悉讯飞绘文 AIGC 平台的各种功能。

（3）在讯飞绘文平台下，选择某项功能完成一组实践操作，得到一个成功的 AIGC 作品。

请记录：

你选择的讯飞绘文平台的功能是：_____

请简单描述此项功能：

_____

_____

请将你完成的作品报告粘贴在下方。

你的作品报告

图 6-14　讯飞绘文 AIGC 平台

3. 实验总结

4. 实验评价（教师）

第7章
AIGC 助力学习

AIGC 技术有助于个人技能的提升，可以极大地丰富和个性化学习活动，例如，AIGC 可以作为个性化学习工具，根据个人的学习进度和偏好定制学习材料。此外，通过模拟场景和案例分析，AIGC 能为个人提供即时反馈，加速技能掌握过程。

7.1　AIGC 助力教育领域革新

AIGC 技术不仅能够提升学习效率，还能增加学习的趣味性和参与度，为教育领域带来革新。

AIGC 助力学习

以下是几个具体的 AIGC 应用场景。

（1）个性化学习材料生成：AIGC 可以根据学生的学习进度、能力水平和兴趣爱好，自动生成定制化的学习内容，包括文章、练习题、案例研究等，从而提高学习的针对性和效率。

（2）交互式学习体验：利用 AIGC 技术创建虚拟导师或助教，与学生进行对话式学习，解答学生的疑问，提供即时反馈，增强学习互动性。这在语言学习、编程教学等领域尤其有效。

（3）智能评估与反馈：AIGC 可以自动批改作业，如作文、代码、数学题等，不仅能给出正确答案，还能分析错误原因并提供个性化改进建议，减轻教师负担，同时提升学生的学习效果。

（4）创意思维激发：利用 AIGC 生成创意写作提示、艺术设计思路或科学实验设想，可以鼓励学生发挥想象力、探索未知领域、培养创新思维和问题解决能力。

（5）跨学科项目开发：AIGC 可以生成跨学科的学习资源，如结合历史事件的数学问题、融合文学元素的科学实验等，帮助学生综合运用多学科知识，提高综合素质。

（6）虚拟实验与模拟：在物理、化学、生物等实验性较强的学科中，AIGC 可以生成高度仿真的实验环境，让学生在虚拟世界中安全地进行实验操作，加深对理论知识的理解。

（7）个性化学习路径规划：基于对学生学习数据的分析，AIGC 可以智能规划每个学生的最佳学习路径，推荐适合的学习资源和课程，确保学习的连续性和有效性。

（8）辅助特殊教育：对于有特殊学习需求的学生，AIGC 可以根据其特定要求生成适应性学习材料，比如使用特定颜色方案、字体大小或者调整内容难度，以满足不同学生的需求。

（9）提供多语言学习资源：AIGC 能快速生成多语言学习资料，帮助学生学习外语，或让非母语学生更容易地获取和理解学习内容，促进国际化教育交流。

7.2 人工智能教学工具

AIGC 正重塑学生与教师的教学体验，通过个性化学习、提升可访问性、自动化管理工作流程等途径带来变革。本节我们将了解一些先进、实用的人工智能教学工具。

7.2.1 QuillBot

QuillBot 是一款以先进释义和总结功能著称的强大的写作辅助工具（见图 7-1），专为提高学生的写作和研究技能而设计，能够帮助学生提高写作水平并维护学术诚信。

图 7-1　QuillBot 应用界面

QuillBot 的主要功能如下。

（1）释义分析：能够重写句子和段落，同时保留原始含义，帮助学生扩展词汇量并提高表达能力。

（2）抄袭检查：QuillBot 的抄袭检查器可以扫描文本中的非原创内容，突出显示潜在的关注领域。这有助于确保学生的作品是原创的，并正确引用来源，从而避免意外抄袭。

（3）多种写作模式：QuillBot 提供了多种写作模式，包括释义、摘要、语法检查、合著和引文生成。QuillBot 在写作过程中提供实时建议，语法检查器实时反馈，自动识别并纠正语法错误，确保学生写作的准确性和流畅性，帮助学生优化语法、句子结构并提高文本的整体清晰度。这些反馈还可以作为微课，帮助学生掌握正确的写作技巧。摘要器将长篇文本浓缩为一些关键点，帮助学生快速掌握复杂材料的精髓。这些工具集中在一起，可以在整个写作过程中为学生提供支持，从集思广益到完善其最终草稿。因此，QuillBot 提供的实时反馈、多样化的写作工具可以帮助提高学生的写作技能。

（4）翻译功能：QuillBot 支持 30 多种语言的无缝翻译，使学生能够从各种来源访问信息，满足研究和交流需求。

7.2.2 Owlift

Owlift 是一个教育平台（见图 7-2），旨在简化复杂的概念和想法，使其易于理解（即使是年幼的孩子也能理解）。它利用人工智能技术将复杂的主题分解为易于理解的解释，迎合不同的学习风格。

图 7-2　Owlift 应用界面

Owlift 的直观界面和互动功能使用户能够轻松探索和理解广泛的主题。Owlift 的主要功能如下。

（1）个性化学习路径：根据用户的学习风格和兴趣，提供个性化学习路径。

（2）互动式学习：通过互动式图表、动画和模拟，帮助用户更好地理解复杂概念。

（3）社区支持：提供一个平台，让用户可以提问、分享知识和互相学习。

（4）多语言支持：为了满足全球用户的需求，提供多种语言的解释和相关内容。

（5）可访问性：确保平台对所有用户而言都是可访问的，包括那些有视觉或听力障碍的用户。

（6）实时反馈：提供实时反馈机制，帮助用户了解自己的学习进度和理解程度。

（7）跨学科整合：将不同学科的知识整合在一起，帮助用户看到概念之间的联系。

这款工具的突出功能是人工智能讨论问题生成器，它允许用户输入特定参数，如年级和主题，例如"8 年级""冷战"，然后使用复杂的算法生成相关问题。

Owlift 的一些优点如下。

（1）降低复杂度：Owlift 使用人工智能将复杂的话题转化为简单易懂的解释，非常适合需要清晰理解的人。

（2）增加趣味性：Owlift 超越了教科书，提供引人入胜的内容，使学习变得有趣和难忘。它包括色彩缤纷的插图、有趣的事实和解释，以一种让学生着迷的方式呈现。

（3）提供视觉辅助和示例：Owlift 使用视觉效果、插图和真实世界的例子，使概念更容易理解。即使是最复杂的想法也可以通过相关的示例来理解。

（4）互动学习：Owlift 通过测验和游戏等互动活动个性化学习体验，让学生持续参与并帮助他们巩固对概念的理解。

▶▶▶ 7.2.3　Grammarly

Grammarly 是一款基于云的写作助手，它利用人工智能技术提升书面交流质量。它对教育工作者和学生而言都具有极高的价值。教师可以利用 Grammarly 确保他们的授课、讲座和反馈内容清晰、简洁且无误。学生也能从 Grammarly 提供的实时语法、拼写和标点符号反馈中受益，从而更专注于拓展他们的观点和论据，同时，Grammarly 还可以帮助他们优化写作技巧。

作为一款在教育领域中独树一帜的人工智能工具，Grammarly 的功能远远不止基本的语法和拼写检查。以下是 Grammarly 的一些主要功能和优点。

（1）实时反馈：Grammarly 能够提供实时的语法、拼写、标点符号反馈，使学生能够及时发现并改正错误，这种用户友好的功能有助于学生掌握写作技巧，提高自信心。

（2）抄袭检查：Grammarly 提供了抄袭检查功能，可以扫描大量数据库，识别非原创内容。这有助于学生保持学术诚信，确保他们的作品实现正确的引用，避免无意抄袭。

（3）词汇增强和风格建议：Grammarly 不仅检查基本的语法和拼写，还提供了改进词语使用和句子风格的建议。这有助于学生扩大词汇量，提高写作表达能力，实现更有影响力的交流。

（4）跨平台和设备访问：Grammarly 与各种平台和设备无缝集成，可以作为浏览器扩展、桌面应用程序，甚至直接在 Word 中使用。这使得学生可以随时随地使用 Grammarly，提高写作效率。

▶▶▶ 7.2.4　Gradescope

Gradescope 是一种流行的工具，它利用人工智能驱动的手写识别技术，使教师能够快速准确地为简答题和填空题的回答（包括手写回答）评分。通过在线自动化评分过程，Gradescope 节省了教师的时间，确保了一致性，并降低了评分错误的风险，为教师提供了一种全新的评估学生作业的方法。它通过以下几个方面显著提升了评分过程的效率和质量。

（1）简化评分过程：Gradescope 简化了整个评分过程，使教师能够更轻松地管理和评估学生作业。它还通过自动化多项选择题评分和分组开放式问题的答案来简化评分过程，从而节省教师的时间。

（2）提供深入见解：Gradescope 为教师提供了关于学生学习情况的宝贵见解，帮助他们更好地了解学生的学习进展。

（3）提高评分准确性：Gradescope 实现了辅助评分的快速、高效和一致性，减少了人为错误，提高了评分的准确性。

（4）拥有用户友好的设计：教师能够轻松上手，减少在任务管理上的时间消耗。Gradescope 提供文本转语音和屏幕阅读器，使该平台可供残疾学生使用。

（5）提供个性化反馈：利用节省出来的时间，教师可以更专注于为学生提供个性化反馈，帮助他们识别和克服学习中的障碍。Gradescope 允许教师轻松注释学生作业并提供具体反馈。它还可以生成班级报告，以识别常见错误和需要改进的领域。

（6）促进深入理解：Gradescope 鼓励教师和学生之间就材料进行更深入的讨论，从而促进学生对知识的深入理解。

（7）维护学术诚信：Gradescope 的人工智能技术可以分析提交的内容，检测剽窃并与其他来源的内容进行比较，以维护公平的学习环境。

▶▶▶ 7.2.5　Fireflies.ai

Fireflies.ai 是一个人工智能驱动平台（见图 7-3），为录制对话提供转录、总结和分析服务。这个智能虚拟笔记工具适合捕捉讲座、课堂讨论和小组项目的内容，帮助使用者更有效地学习和工作。

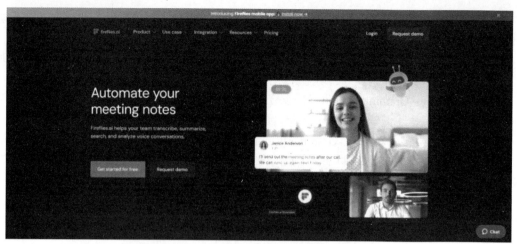

图 7-3　Fireflies.ai 应用界面

Fireflies.ai 与流行的在线学习环境中的视频会议工具无缝集成，确保每个课程细节都能得到保留。Fireflies.ai 不仅提供基本的录音和转录功能，还利用先进的人工智能技术来突出课堂上的关键要点、行动项目和重要概念。通过这种方式，学生可以轻松回顾讲座的关键时刻，加深对内容的理解。同时，它还能减轻学生做笔记的负担，让他们能够更专注于积极参与课堂讨论，提高学习效果。

Fireflies.ai 在教育领域的独特优势在于其人工智能驱动的精华提炼工具。它能自动制作精练的课堂摘要，凸显核心要点，对于错过课程或需重温特定主题的学生尤其有帮助。教师亦可利用这些课堂摘要来制定学习指南或复习资料。

Fireflies.ai 的主要特性与益处如下。

（1）让学生学习专注：自动转录和总结讲座，使学生能够集中精力理解内容，而非忙于做笔记。

（2）提供个性化学习体验：智能识别关键概念和专业术语，帮助学生聚焦最关键的信息，尤其适合那些在提炼要点上遇到困难的学生。

（3）促进合作学习：学生可以通过分享笔记和摘要进行互动，激发协作和讨论，这有利于增强学生的学习和知识检验。

（4）高效复习与查找：提供便捷的笔记搜索功能，让学生快速定位特定信息，无论是在备考还是在回顾讲座细节方面，都能提供极大的便利。

▶▶▶ 7.2.6　Otter.ai

Otter.ai 是一款创新性的人工智能应用（见图 7-4），它能实时转录和整理语音记录，从而在课堂上极大地提升学习效率。学生无须忙于速记，而能全神贯注于吸收知识和参与讨论。这款工具能自动识别并转化讲座和讨论的内容为文字，附带精确的时间戳和说话者标识。这样，学生们可以方便地回顾重要环节，搜索特定词语，甚至通过协作完成笔记来打造更丰富、详细的学习资源。

在教育领域中，Otter.ai 致力于提供与在线学习平台的流畅整合体验。通过与 Zoom 等视频会议软件的协作，它能实时转录教学内容，并将文字与视频同步展示。这样的功能极大地帮助了听力困难或偏好视觉学习的学生。

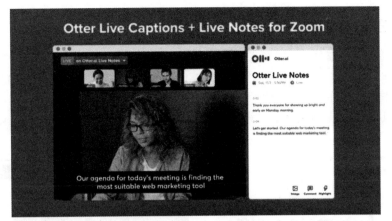

图 7-4　Otter.ai 应用界面

Otter.ai 的核心优势如下。

（1）实时转录与做智能笔记：在课程进行中，Otter.ai 可以实时转录讲话内容，让学生专注于理解课堂内容和参与课堂讨论，无须分心做笔记。而且，同步的文本记录允许学生日后轻松回顾特定部分。

（2）快速搜索功能：Otter.ai 能够帮助学生告别烦琐的笔记查找。学生只需在转录的文字中输入关键词或短语，就能迅速定位到所需信息，无论是关键概念、定义还是讲座引用。

（3）演讲者区分：在多演讲者环境（例如小组讨论或讲座）中，Otter.ai 能准确识别每个人的话语，它让追踪对话和评估个人贡献变得简单，在在线学习的复杂场景下更为实用。

（4）无缝平台集成：Otter.ai 与常见的视频会议工具（如 Zoom 和 Google Meet）兼容，确保学生能在熟悉的在线学习环境中直接转录课堂内容，提升学习效率。

⯈⯈⯈ 7.2.7　Google Scholar

Google Scholar 是一款专精于学术文献的智能搜索平台，深受学生和教育工作者的喜爱。Google Scholar 凭借其强大的搜索功能脱颖而出，区别于常规搜索引擎，它的核心在于对学术出版物的精准检索，涵盖如同行评审的论文、图书、摘要等各类学术资源。因此，它对学生而言是进行研究论文查找的可靠助手，能帮助他们获取最新的学术见解，深化对复杂主题的理解。

通过精准定位，如使用关键词、作者、出版日期甚至引用的文献进行定位，研究人员能够进行极其细致的搜索，从而迅速获取最具相关性的最新信息，满足学生和教育工作者的需求。

Google Scholar 的主要功能与优势如下。

（1）全面的学术搜寻：Google Scholar 涵盖庞大的学术资源库，包括同行评审的期刊、会议论文、学位论文和图书，是寻找研究、项目和演讲资料的理想平台。

（2）智能引用追踪：Google Scholar 揭示了特定研究在时间线上的引用情况，帮助评估其影响力，并探索相关研究领域。

（3）研究工作流整合：Google Scholar 与多种学术工具和平台无缝对接，简化学者的研究过程，提供参考文献、引用数据及关联文章，显著提升了研究效率，用户可便捷地概览文献引用，快速理解文档结构，并直达学术资料的核心。

（4）无须付费：与众多收费的学术数据库不同，Google Scholar 完全免费，这使它成为各级学生和教育工作者不可或缺的宝贵资源。

▶▶▶ 7.2.8　Copy.ai

Copy.ai 是一款创新的人工智能写作工具（见图 7-5），旨在消除写作困扰，激发用户的创造力，生成多样化的文本内容。教师能借助其丰富的模板资源，制作出引人入胜的教案、演示文稿和激发写作灵感。同时，学生可以利用这个工具来发掘论文主题，突破写作的瓶颈，以及体验各种写作风格。通过让用户自定义语调和风格，Copy.ai 为用户提供了高度个性化的写作解决方案。

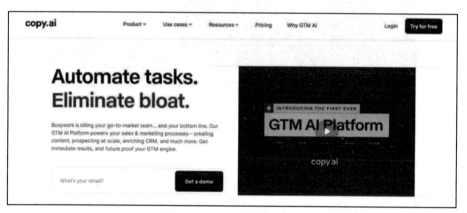

图 7-5　Copy.ai 应用界面

借助 Copy.ai 的创新功能，教育工作者能轻松生成包含核心要点、目标受众及风格建议的全面课程摘要，从而节省筹备教案的时间，将更多精力投入创造对学生有深度影响的内容上。

Copy.ai 的优势如下。

（1）激发灵感与突破写作困境：Copy.ai 提供丰富的写作模板和创意提示，帮助学生迅速开启写作旅程，激发潜在思路，专注深化个人见解。

（2）定制化内容创作：Copy.ai 允许学生自定义文本的语气和风格，确保作品符合特定任务要求或能够吸引目标读者，从而提升学生适应不同情境的沟通技巧。

（3）高级语言预测技术：基于先进的 GPT-3 语言预测模型，Copy.ai 能生成多样化的高质量内容，并随着用户的使用逐步学习和优化用户的写作风格，提升内容的准确性和个性化。

（4）可靠的抄袭检测：Copy.ai 内置的抄袭检测工具确保了内容的原创性，这一功能在学术环境中尤为重要，它让创建者能够安心创作，避免无意间的抄袭问题。

▶▶▶ 7.2.9　Google Bard

Google Bard 是一款先进的 LLM，它借助海量的文本和编程资料库，能够生成多样化的文本内容、进行语言翻译、创作具有创新性的内容，并以轻松的方式解答疑问。教育工作者可利用其特性，开发出互动式的学习资源，如制作测验、学习卡片等，为学生提供定制化的学习反馈，甚至构思创新的写作灵感或教学方案。

对学生而言，Google Bard 是研究工作的理想助手，它能帮助他们以新颖且吸引人的视角深入理解概念，并即时提供写作指导。

Google Bard 是教师教学的理想选择，因为它具备实时反馈功能，便于验证信息。想要探索人工智能的最新发展，只需向它提问。Google Bard 回答后，你会看到一个小小的"G"标记，提示你可以通过 Google 进行搜索、核实。若信息高亮显示为绿色，意味着 Chrome 浏览器查到了与 Google Bard 回答相符的内容，有时还会附上相关链接（不保证是内容的直接来源）。这样的自适应学习模式让学生能更高效地理解概念，同时教师也能为学生提供更有针对性的指导。

Google Bard 的优势如下。

（1）内容创新：Google Bard 可用于制作引人入胜的测验、学习卡片等学习资源，简化教师工作，提升学生的参与度。

（2）提供个性化学习体验：根据每个学生的需求和兴趣定制教学内容和活动，以提高学生的学习效率和保持学生的学习热情。

（3）整合流畅：与常见的谷歌应用（如 Google Docs 和 Gmail）完美融合，让习惯使用这些工具的教师能够得心应手。

（4）包容与多语言支持：提供文本转语音、语音输入等辅助工具，满足不同学习方式的学生的需求；多语言支持确保了多元文化背景学习环境的兼容性。

7.3 人工智能加持输入法

继上线基于腾讯混元大模型、面向客户端的 AI 助手"腾讯元宝"之后，2024 年 6 月，腾讯又有了新动作。这一次，腾讯选择以输入法为主轴，为用户带来人工智能赋能的内容输入新体验。

6 月 26 日，微信宣布其输入法迎来全新升级、正式上线基于腾讯混元大模型打造的"一键人工智能问答"功能，为用户提供智能交互体验。用户只需在微信聊天框中输入的内容后添加一个"="符号，便能迅速获得人工智能的智能回答。无论是查询信息、解答疑惑，还是进行闲聊，这个功能都可以迅速给出精准的回应。

7 月 1 日，腾讯旗下的搜狗输入法宣布迎来人工智能功能上新，带来了人工智能帮写、人工智能对话、快捷问答、人工智能宠物、人工智能自拍表情等多种玩法。

之所以输入法+人工智能成为腾讯又一个落地的人工智能应用场景，是因为输入法是目前用户通过计算机交互最为常用的渠道，更是一个将人工智能渗透到千家万户的最有效的途径，甚至可以堪称一种"润物细无声"的途径。

事实上，只要脑机接口一天没有商业化，在围绕着计算机建立的信息科学这个体系里，键盘都会是最为重要的交互工具，输入法显然是绕不过去的重要一环。早先的五笔输入法被现代的搜狗输入法、百度输入法、讯飞输入法所淘汰，就是因为用户对输入效率的追求可以说是永无止境的。

重码率低、录入速度快、便于盲打的五笔输入法，曾在互联网早期风靡一时。但五笔输入法的高效建立在大量练习的基础上，重码率低就意味着想要打 1000 个汉字就要记熟 1000 组编码，而利用拼音输入法只需掌握 400 个汉语读音就可打出所有的汉字。同时，云服务的加入更是让拼音输入法如虎添翼，在云同步词库的支持下，用户经常使用的词汇会极为迅速地被输入法推荐到更前面。

在人工智能介入之前，微信输入法、搜狗输入法也提供了诸如整句输入、联想输入、云联想等功能，但输入法无法代替用户做决定。而人工智能搭配输入法带来的最大变化，就是降低了用户参与度，能够进一步解放用户双手。大多数用户使用输入法是为了更快地将思想变成文字，而不是单纯体验打字的乐趣，输入法不断迭代的本质，是逐渐降低用户输入内容的难度，从而提升用户的表达欲。在互联网世界中，最大的问题就是表达受限，毕竟输出有趣或有价值的内容需要一定的知识体系作为支撑。传统输入法做不到主动帮助用户将脑海里的想法进行转化，可有人工智能加持的输入法就能成为用户的"嘴替"。

比如，搜狗输入法的人工智能帮写功能提供了聊天润色、全能帮写、购物神评、演讲稿生成等 21 个指令，覆盖了日常聊天、"种草"笔记、撰写评论等 130 余种场景，可根据用户的关键词优化、改进和丰富信息，从而提高文本的表达效果，号称"1 秒写标题、10 秒出全文"，用简单词汇来概括自己的诉求显然不是什么难事。所谓"种草"，是指被别人推荐商品从而有了购买欲，这是"宣传某种商品的优异品质以诱人购买"的行为，泛指"把一样事物推荐给一个人，让这个人喜欢这样事物"的过程。

相比 Kimi、ChatGPT 乃至腾讯混元助手等人工智能应用，人工智能加持下的输入法还能减少用户体验人工智能的步骤。例如，用户想要用 Kimi 来检查自己写的文章是否存在错别字或语句不通的情况，一般需要将内容复制到 Kimi 的对话框中才行。而有了人工智能输入法，直接在输入法的界面中就能知道结果。

搜狗输入法提供的人工智能快查功能，可提供天气、日历、汇率、金价等 22 类实时查询，基于的也是同样的逻辑，它们可支持边输边查、即输即用，并且无须用户切换应用。

所以让用户真切感受到当下人工智能大模型的相关技术并不是噱头，而是能像互联网一样、真正改变大家生活的现实，这或许就是互联网企业青睐在输入法中加入人工智能元素的关键。

7.4 智能代码生成工具

在编程领域，AIGC 作为智能代码生成工具，通过学习海量的数据和模式，辅助人类创作者和开发者更加高效地完成工作。在这个过程中要注重人机协作，因为最终的创意方向、逻辑判断和质量控制仍需要人类来把握。下面是一些相关工具。

（1）Kite：一款智能代码生成工具，能够根据开发者正在编写的代码上下文，提供智能代码补全建议，减少手动编码的工作量。

（2）DeepCode：提供智能代码审查服务，不仅指出潜在错误，还提供修复建议，帮助开发者提升代码质量和安全性。

（3）Tabnine：一个跨平台的 AI 代码补全工具，支持多种编程语言，利用机器学习预测最可能的下一行代码，提高开发速度。

这里，我们介绍一组智能代码生成工具。无论你是经验丰富的开发人员还是刚开始踏上编程征途的初学者，这些智能代码生成工具都可以帮助你提高在项目开发过程中的生产力、创造力和准确性，快速、高效地进行编程开发。

▶▶▶ 7.4.1 GitHub Copilot

GitHub Copilot（见图 7-6）是由全球最大的程序员社区和代码托管平台 GitHub 联合 OpenAI 和微软 Azure 团队推出的智能代码生成工具。该工具基于 OpenAI Codex 大模型进行了改进并升级，集成在 Visual Studio Code、GitHub 等平台中，累计被超过数百万个开发者和 2 万多个企业组织所使用。GitHub Copilot 支持和兼容多种语言和集成开发环境（Integrated Development Environment，IDE），可为程序员快速提供代码建议，帮助开发者更快、更少地编写代码，能根据注释和现有代码自动生成函数、实现算法甚至整个代码段。

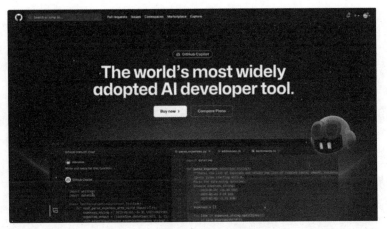

图 7-6　GitHub Copilot 主界面

（1）支持的编程语言。GitHub Copilot 支持 C、C++、C#、Go、Java、JavaScript、PHP、Python、Ruby、Scala 和 TypeScript 等。

（2）兼容的编辑器和 IDE。GitHub Copilot 支持和兼容 Visual Studio、Neovim、Visual Studio Code、Azure Data Studio 和 JetBrains 旗下的系列 IDE 和编辑器。

▶▶▶ 7.4.2　通义灵码

通义灵码是阿里云出品的一款基于通义大模型的智能代码生成工具，提供行级/函数级实时续写、自然语言生成代码、单元测试生成、代码注释生成、代码解释、研发智能问答、异常报错排查等能力，并针对阿里云 SDK/API 的使用场景调优，为开发者带来高效、流畅的编码体验。

（1）支持的编程语言。通义灵码支持 Java、Python、Go、C/C++、JavaScript、TypeScript、PHP、Ruby、Rust、Scala 等主流编程语言。

（2）兼容的编辑器和 IDE。通义灵码兼容 Visual Studio Code、JetBrains 旗下的系列 IDE 等。

▶▶▶ 7.4.3　代码小浣熊

代码小浣熊 Raccoon 是由商汤科技推出的免费的智能代码生成工具。该工具由商汤科技自主研发的日日新大模型提供动力，不仅支持多种编程语言，还具备执行多种任务的能力，为开发者带来了很好的编程体验。代码小浣熊集成了众多智能代码生成和辅助工具，覆盖了从软件需求分析、架构设计、代码编写到软件测试的整个开发周期，为编程工作提供了全面的解决方案。

（1）支持的编程语言。代码小浣熊支持 Python、C#、C/C++、Java、Go、JavaScript、SQL 等数十种主流编程语言

（2）兼容的编辑器和 IDE。代码小浣熊兼容 Visual Studio Code、Android Studio 和 JetBrains 旗下的系列 IDE。

▶▶▶ 7.4.4　CodeWhisperer

CodeWhisperer（见图 7-7）是 AWS 团队推出的智能代码生成工具，它由机器学习技术驱动，可为开发人员实时提供代码建议。当用户编写代码时，CodeWhisperer 会根据现有的代码和注释自动生成建议，可供个人开发者免费使用，生成无限次数的代码建议。

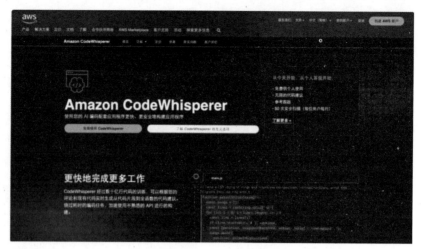

图 7-7　CodeWhisperer 主界面

（1）支持的编程语言。CodeWhisperer 支持 15 种编程语言，包括 Java、Python、JavaScript、TypeScript、C#、Go、PHP、Rust、Kotlin、SQL、Ruby、C++、C、Shell、Scala 等。

（2）兼容的编辑器和 IDE。CodeWhisperer 支持的编辑器或 IDE 包括 Amazon SageMaker Studio、JupyterLab、Visual Studio Code、JetBrains 旗下的系列 IDE、AWS Cloud9、AWS Lambda、AWS Glue Studio。

▶▶▶ 7.4.5　MarsCode

MarsCode 是由字节跳动公司开发的智能代码生成工具，它不仅提供了一个由人工智能驱动的云端 IDE，还可以作为 Visual Studio Code 和 JetBrains 的智能编程插件使用。该工具通过人工智能助手实现代码补全、生成和优化，支持云函数的开发，并配备了 API 测试、存储和部署工具，能够自动创建 JSON Schema。MarsCode 插件支持多种主流编程语言和 IDE，提供代码编辑、解释、注释生成、单元测试创建、错误修复等辅助功能，有效提升了编程效率和代码质量，覆盖了后端、前端、App 开发等相关的多种编程语言和框架。

（1）支持的编程语言。MarsCode 支持 Go、Python、C++、C、C#、Java、PHP、Rust、HTML、TypeScript、JavaScript、CSS、Less、SWAN、San、Vue、Stylus、Kotlin、Objective-C、Swift、Perl、Ruby、Shell、SQL、R、GraphQL、Dockerfile、R Markdown 等语言。

（2）兼容的编辑器和 IDE。MarsCode 兼容 Visual Studio Code、JetBrains 旗下的系列 IDE 等主流编辑器和 IDE。

▶▶▶ 7.4.6　CodeGeeX

CodeGeeX（见图 7-8）是智谱 AI 推出的智能代码生成工具。该工具基于 130 亿参数的预训练大模型，可以快速生成代码，帮助开发者提升开发效率。CodeGeeX 支持多种 IDE 与编程语言，提供代码自动生成和补全、代码翻译、自动添加注释、智能问答等人工智能功能。

（1）支持的编程语言。CodeGeeX 支持 Python、Java、C++、C、C#、JavaScript、Go、PHP、TypeScript 等多种编程语言。

（2）兼容的编辑器和 IDE。CodeGeeX 兼容的编辑器和 IDE 包括 Visual Studio Code、IntelliJ IDEA、PyCharm、WebStorm、HBuilderX、GoLand、Android Studio、PhpStorm 等。

图 7-8　CodeGeeX 主界面

⟫⟫ 7.4.7　Cody

Cody 是代码搜索平台 Sourcegraph 推出的一款智能代码生成工具。借助 Sourcegraph 强大的代码语义索引和分析能力，该工具可以了解开发者的整个代码库，而不只是代码片段。Cody 可以回答开发者的技术问题并直接在 IDE 中编写和补全代码，还可以使用代码图来保持上下文和准确性。

（1）支持的编程语言。Cody 基于广泛的训练数据，理论上支持所有的编程语言，针对 Python、Go、JavaScript 和 TypeScript 的表现更好。

（2）兼容的编辑器和 IDE。Cody 目前支持 Visual Studio Code、Neovim 和 JetBrains 旗下的系列 IDE，并且推出了 Emacs 版。

⟫⟫ 7.4.8　CodeFuse

CodeFuse 是蚂蚁集团支付宝团队为国内开发者提供智能研发服务的智能代码生成工具。该产品基于蚂蚁集团自研的基础大模型进行微调，具备代码补全、添加注释、解释代码、生成单元测试以及代码优化功能，可以帮助开发者更快、更轻松地编写代码。

（1）支持的编程语言。CodeFuse 支持 40 多种编程语言，包括 C++、Java、Python、JavaScript 等。

（2）兼容的编辑器和 IDE。CodeFuse 支持在支付宝小程序云端研发，在 Visual Studio Code 以及 JetBrains 旗下的系列 IDE 中使用。

⟫⟫ 7.4.9　Project IDX

Project IDX 是由谷歌推出的一款基于人工智能的云端全栈开发平台和编辑器，致力于提高程序员的应用程序开发效率。它内嵌了人工智能助手 Gemini，能够自动生成代码，提供编码建议，帮助开发者理解并优化他们的代码。Project IDX 支持多种编程语言和框架，包括 Angular 和 React 等，允许开发者根据需要定制开发环境或从 GitHub 导入现有的应用程序。

（1）支持的编程语言和框架。Project IDX 支持多个编程语言和框架，包括但不限于 Angular、React、Flutter、Go、Next.js、Python、Flask、Svelte 等。

（2）兼容的编辑器和 IDE。Project IDX 是一个云端 IDE，用户需在线使用。

▶▶▶ 7.4.10　Codeium

Codeium 是一个由人工智能驱动的智能代码生成工具，旨在通过提供代码建议、重构提示和代码解释来帮助软件开发人员编程，以提高编程效率和准确性。Codeium 与主流的开发环境集成，并支持多种编程语言，可以理解代码上下文，自动进行代码补全、错误检测，甚至生成样板代码。Codeium 可以加速开发过程，并减少代码错误的可能性。

（1）支持的编程语言。Codeium 支持数十种编程语言，包括 C、C++、C#、Java、JavaScript、Python、PHP 等主流编程语言。

（2）兼容的编辑器和 IDE。Codeium 兼容数十种编辑器，支持 Visual Studio Code、JetBrains 旗下的系列 IDE、Visual Studio、Eclipse 等常用编辑器和 IDE。

▶▶▶ 7.4.11　CodiumAI

CodiumAI 是一款人工智能代码测试和分析工具（见图 7-9），可以智能分析开发者编写的代码、文档字符串和注释，并且可以与人聊天互动，在编码时生成测试建议和提示。该工具智能创建全面的测试套件，包括自动生成单元测试、智能分析代码、提出代码修改建议、查找代码错误、自动添加文档字符串等功能，以便在软件发布前发现 bug 或错误，确保软件的可靠性和准确性。

（1）支持的编程语言。CodiumAI 支持几乎所有编程语言。不过，它的某些高级功能（例如单元测试运行和修复）仅支持 Python、JavaScript、TypeScript 和 Java。

（2）兼容的编辑器和 IDE。CodiumAI 目前兼容 Visual Studio Code 和 JetBrains 旗下的 IntelliJ IDEA、WebStorm、CLion、PyCharm 等 IDE。

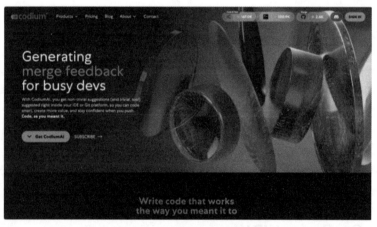

图 7-9　CodiumAI 主界面

▶▶▶ 7.4.12　AskCodi

AskCodi 是一个基于 OpenAI GPT 大模型技术的智能代码生成工具，可以帮助开发人员更快、更省力地编写代码。该工具提供了代码生成、单元测试创建、文档编写、代码转换等功能，并与主流的 IDE 扩展/插件无缝集成，帮助开发者提高生产力，减少手工编码的过程，专注于逻辑和更高层次的创造力。

（1）支持的编程语言和框架。AskCodi 支持流行的编程语言和框架，包括 HTML、Python、

JavaScript、Java、C++、React、Vue 框架等。

（2）兼容的编辑器和 IDE。AskCodi 支持通过 Visual Studio Code、Sublime Text 和 JetBrains 旗下的系列 IDE 使用。

7.5 案例：AIGC 生成代码

一般地，当提到"文生代码"时，可能是在谈论根据自然语言描述自动生成计算机程序代码的过程。这种技术属于 NLP 和自动编程的范畴，一些高级的人工智能系统（如 GitHub Copilot 或 DeepMind 的 AlphaCode 等）能够根据自然语言提示生成代码片段。不过，直接生成一个完整的、复杂的代码实例可能超出了这里即时交互的能力范围。这里展示一个简单的概念示例，说明 AIGC 如何将自然语言指令转换成基础的 Python 代码。

自然语言指令："创建一个程序，它接收用户输入的一个数字，然后判断这个数字是偶数还是奇数并输出相应的结果。"

由 AIGC 生成的 Python 代码示例：

```python
def check_even_odd():
    # 请求用户输入一个数字
    num = int(input("请输入一个数字："))
    # 判断数字是偶数还是奇数并输出相应的结果
    if num % 2 == 0:
        print(f"{num} 是偶数。")
    else:
        print(f"{num} 是奇数。")

# 调用函数
check_even_odd()
```

实际的"文生代码"通常需要通过更复杂的算法和模型来理解自然语言指令的细微差别，并且在生成代码时考虑语法正确性、逻辑连贯性和代码执行效率。上述例子只是演示了如何将简单指令转换成代码的基本思路。

再举一个例子，如下所示。

自然语言指令："开发一个 Python 函数，该函数接收一个字符串作为参数，检查该字符串是否为回文串（即正读和反读都一样的字符串），并返回 True 或 False。"

由 AIGC 生成的 Python 代码示例：

```python
def is_palindrome(s):
    """
    Check if the given string is a palindrome.

    Args:
    s (str): The string to check.

    Returns:
    bool: True if s is a palindrome, False otherwise.
    """

    # Remove non-alphanumeric characters and convert to lowercase
```

```
    cleaned_s = ''.join(filter(str.isalnum, s)).lower()

    # Compare the string with its reverse
    return cleaned_s == cleaned_s[::-1]

# Example usage
input_string = "A man, a plan, a canal: Panama"
print(is_palindrome(input_string)) # Expected output: True
```

这段代码首先定义了一个 is_palindrome 函数，它先清理字符串（移除非字母的数字字符并将字母字符转换为小写），然后比较清理后的字符串与其反转形式来判断给定字符串是否为回文串。最后，示例用法展示了如何调用此函数并输出结果。

实际的 AIGC 工具或服务在生成代码时会根据大量的训练数据和上下文来优化输出，因此生成的代码质量、风格和效率可能会有所不同。

【作业】

1．AIGC 技术有助于（   ）的提升，可以极大地丰富和个性化学习活动。此外，通过模拟场景和案例分析，AIGC 能为个人提供即时反馈，加速技能掌握过程。

    A．质量工程　　　　　B．个人技能　　　　　C．微调工程　　　　　D．检索工程

2．将人工智能技术应用于开发过程中，AIGC 能够帮助开发者（   ）。

    ① 提升开发效率　② 优化代码质量　③ 降低开发水平　④ 实现智能编程

    A．②③④　　　　　　B．①②③　　　　　　C．①③④　　　　　　D．①②④

3．作为开发辅助工具，AIGC 可以理解代码的结构和意图，通过学习和模拟开发者的行为来提供智能化的开发支持，辅助完成代码的（   ）等任务，从而大大提升开发效率和代码质量。

    ① 自动补全　② 错误检测　③ 代码优化　④ 命令简化

    A．①②③　　　　　　B．①②④　　　　　　C．①③④　　　　　　D．②③④

4．AIGC 可以根据学生的（   ），自动生成定制化的学习内容，包括文章、练习题、案例研究等，从而提高学习的针对性和效率。

    ① 健康状况　② 学习进度　③ 能力水平　④ 兴趣爱好

    A．①③④　　　　　　B．①②④　　　　　　C．②③④　　　　　　D．①②③

5．利用 AIGC 技术创建虚拟导师或助教，与学生进行对话式学习，（   ）。这在语言学习、编程教学等领域尤其有效。

    ① 解答学生的疑问　② 提供即时反馈　③ 跨领域沟通　　④ 增强学习互动性

    A．②③④　　　　　　B．①②③　　　　　　C．①③④　　　　　　D．①②④

6．利用 AIGC 生成（   ），可以鼓励学生发挥想象力、探索未知领域、培养创新思维和问题解决能力。

    ① 创意写作提示　　② 发现科学现象　③ 艺术设计思路　④ 科学实验设想

    A．①②④　　　　　　B．①③④　　　　　　C．①②③　　　　　　D．②③④

7．在（   ）等实验性较强的学科中，AIGC 可以生成高度仿真的实验环境，让学生在虚拟世界中安全地进行实验操作，加深对理论知识的理解。

    ① 物理　② 化学　③ 数学　④ 生物

    A．①②④　　　　　　B．①③④　　　　　　C．①②③　　　　　　D．②③④

8．AIGC 正重塑学生与教师的教学体验，通过（　　　）等途径带来变革。

① 提供习题正确答案　　② 个性化学习

③ 提升可访问性　　④ 自动化管理工作流程

  A．①③④   B．①②④   C．②③④   D．①②③

9．QuillBot 是一款以先进释义和总结功能著称的强大的（　　　）工具，专为提高学生的写作和研究技能而设计，能够帮助学生提高写作水平并维护学术诚信。

  A．质量管理   B．写作辅助   C．文生绘画   D．检索分析

10．利用 QuillBot 的（　　　）功能能够重写句子和段落，同时保留原始含义，帮助学生扩展词汇量并提高表达能力。

  A．抄袭检查   B．写作辅助   C．学术诚信   D．释义分析

11．QuillBot 的（　　　）功能可以扫描文本中的非原创内容，突出显示潜在的关注领域。这有助于确保学生的作品是原创的，并正确引用来源，从而避免意外抄袭。

  A．抄袭检查   B．写作辅助   C．增强写作   D．释义分析

12．Owlift 的直观界面和互动功能使用户能够轻松探索和理解广泛的主题。Owlift 的主要功能包括（　　　）。

① 个性化学习路径　　② 互动式学习

③ 多语言支持　　④ 安全的不可访问性

  A．①③④   B．①②④   C．①②③   D．②③④

13．Owlift 教学工具的突出功能是人工智能（　　　）生成器，它允许用户输入特定参数，如年级和主题，然后使用复杂的算法生成相关问题。

  A．抄袭检查   B．讨论问题   C．增强写作   D．文生视频

14．Grammarly 是一款基于云的写作助手，它利用人工智能技术提升书面交流质量。它的主要功能包括（　　　）。

① 实时反馈　② 抄袭检查　③ 设备维护　④ 词汇增强和风格建议

  A．①②④   B．①③④   C．①②③   D．②③④

15．Gradescope 工具利用人工智能驱动的（　　　）技术，使教师能够快速准确地为简答题和填空题的回答（包括手写回答）评分，为教师提供了一种全新的评估学生作业的方法。

  A．抄袭检查   B．讨论问题   C．增强写作   D．手写识别

16．Gradescope 工具利用人工智能技术，通过（　　　）等方面显著提升了评分过程的效率和质量。

① 简化评分过程　　② 个性分散集成

③ 拥有用户友好的设计　　④ 维护学术诚信

  A．②③④   B．①②③   C．①③④   D．①②④

17．Google Scholar 是一款专精于学术文献的（　　　）平台，凭借其强大的搜索功能脱颖而出，它的核心在于对学术出版物的精准检索，涵盖如同行评审的论文、图书、摘要等各类学术资源。

  A．抄袭检查   B．智能搜索   C．生成写作   D．文生视频

18．腾讯旗下的搜狗输入法宣布迎来人工智能功能上新，带来了（　　　）、人工智能宠物、人工智能自拍表情等多种功能。

① 人工智能帮写　② 人工智能帮算　③ 人工智能对话　④ 快捷问答

  A．①③④   B．①②④   C．①②③   D．②③④

19．事实上，只要脑机接口一天没有商业化，在围绕着计算机建立的信息科学这个体系里，

（　　）都会是最为重要的交互工具，输入法显然是绕不过去的重要一环。

  A．鼠标   B．游戏杆   C．操作杆   D．键盘

  20．在编程领域，AIGC 作为智能代码生成工具，通过学习海量的数据和模式，辅助人类创作者和开发者更加高效地完成工作。在这个过程中要注重人机协作，因为最终的（　　）仍需要人类的智慧来把握。

  ① 语言选择 ② 创意方向 ③ 质量控制 ④ 逻辑判断

  A．①③④   B．①②④   C．②③④   D．①②③

【研究性学习】熟悉阿里云大模型"通义千问"

  通义千问是阿里云推出的大规模语言模型（见图 7-10）。2023 年 4 月 11 日，在阿里云峰会上首次揭晓了通义千问大模型，并在之前一周开启了企业邀请测试，上线了测试官网。在初次发布后的几个月内，通义千问持续迭代和优化。

图 7-10　通义千问登录界面

  到 2023 年 10 月 31 日，在当年的云栖大会上，阿里云正式发布了通义千问 2.0。这一版本采用了千亿参数的基础模型，在阅读理解、逻辑思维等多个方面的能力有显著提升。同时，通义千问 2.0 还同步推出了支持语音对话等功能的 App，用户可以下载 App 进行体验。自首度发布以来，通义千问在短时间内实现了重大技术升级和功能扩展，体现了阿里云在人工智能领域的研发实力与创新能力。

  1．实验目的

  （1）熟悉通义千问大模型，体会"一个不断进化的人工智能大模型"的实际含义。

  （2）探索大模型产品的测试方法，提高应用大模型的学习和工作能力。

  （3）熟悉多模态概念和多模态大模型，关注大模型产业的进化发展。

  2．实验内容与步骤

  大模型产品如雨后春笋，虽然推出时间都不长，但进步神速。通义千问大模型开宗明义"不断进化"，很好地诠释了大模型的发展现状。请在图 7-11 所示界面中单击"立即使用"，开始我们的实践探索活动（见图 7-11）。

图 7-11　通义千问对话界面

　　请尝试通过以下问题，体验通义千问大模型的工作能力，并做简单记录。在 PC 端或移动端钉钉的操作界面中，也可以随意调用通义千问功能进行问询对话。

（1）常识题。例如院校地址、专业设置、师资队伍、发展前景等。

问：＿＿＿＿＿＿＿＿＿＿＿＿＿＿＿＿＿＿＿＿＿＿＿＿＿＿＿＿＿＿＿＿＿＿＿

答：＿＿＿＿＿＿＿＿＿＿＿＿＿＿＿＿＿＿＿＿＿＿＿＿＿＿＿＿＿＿＿＿＿＿＿

＿＿＿＿＿＿＿＿＿＿＿＿＿＿＿＿＿＿＿＿＿＿＿＿＿＿＿＿＿＿＿＿＿＿＿＿＿＿

评价：□ 完美　　□ 待改进　　□ 较差

（2）数学题。例如：动物园里有鸵鸟和长颈鹿共 70 只，其中鸵鸟脚的总数比长颈鹿脚的总数多 80 只，问鸵鸟和长颈鹿各有多少只？

答：＿＿＿＿＿＿＿＿＿＿＿＿＿＿＿＿＿＿＿＿＿＿＿＿＿＿＿＿＿＿＿＿＿＿＿

＿＿＿＿＿＿＿＿＿＿＿＿＿＿＿＿＿＿＿＿＿＿＿＿＿＿＿＿＿＿＿＿＿＿＿＿＿＿

评价：□ 完美　　□ 待改进　　□ 较差

（3）角色扮演。例如：现在你是某电商平台的一位数据分析师，麻烦给我整理一份数据分析报告的提纲，300 字左右，分析前次电商促销活动效果不如预期的可能原因。

答：＿＿＿＿＿＿＿＿＿＿＿＿＿＿＿＿＿＿＿＿＿＿＿＿＿＿＿＿＿＿＿＿＿＿＿

＿＿＿＿＿＿＿＿＿＿＿＿＿＿＿＿＿＿＿＿＿＿＿＿＿＿＿＿＿＿＿＿＿＿＿＿＿＿

评价：□ 完美　　□ 待改进　　□ 较差

（4）文章生成。例如：请问在 2024 年，AIGC 的创业机会有哪些？

答：＿＿＿＿＿＿＿＿＿＿＿＿＿＿＿＿＿＿＿＿＿＿＿＿＿＿＿＿＿＿＿＿＿＿＿

＿＿＿＿＿＿＿＿＿＿＿＿＿＿＿＿＿＿＿＿＿＿＿＿＿＿＿＿＿＿＿＿＿＿＿＿＿＿

（5）代码生成。例如：请用 Python 语言写一个冒泡程序。

答：＿＿＿＿＿＿＿＿＿＿＿＿＿＿＿＿＿＿＿＿＿＿＿＿＿＿＿＿＿＿＿＿＿＿＿

＿＿＿＿＿＿＿＿＿＿＿＿＿＿＿＿＿＿＿＿＿＿＿＿＿＿＿＿＿＿＿＿＿＿＿＿＿＿

　　注：如果回复内容重要，但页面空白不够，请将内容写在纸上并将纸粘贴在下方。

3. 实验总结

_____

_____

_____

_____

4. 实验评价（教师）

_____

_____

_____

_____

第 8 章
AIGC 拓展设计

AIGC 技术正逐步在设计领域中展现其巨大的潜力，应用 AIGC 技术能够减少设计师的重复劳动，极大地提高设计师的创造力和工作效率，还可以激发设计师前所未有的创意灵感，推动设计行业向更高效、更个性化、更创新的方向发展。

以下是一些使用 AIGC 增强设计能力的具体应用场景。

（1）快速原型设计：可以根据设计者提供的概念或简要说明，自动生成设计初稿[包括网页布局、UI（User Interface，用户界面）、产品外观等]，加速设计的迭代过程，让设计师能更快地尝试多种设计方案。

（2）风格迁移与艺术创作：利用 AIGC，设计师可以轻松实现图像或视频的风格迁移，将一种艺术风格应用到不同的作品上，形成独特的视觉效果。此外，AIGC 可以根据指令生成原创的艺术作品，如油画、素描、插画等，拓宽设计的边界。

（3）个性化图案、纹理和背景生成：可以根据用户偏好或品牌调性，自动生成一系列个性化图案、纹理和背景，适用于服装设计、室内装饰、包装设计等多个领域，能够提供无限的设计素材选择。

（4）动态图形与视频片段创作：能够自动合成高质量的动态图形和视频片段，包括动画、特效、标题序列等，简化视频制作流程，帮助设计师快速制作出吸引人的宣传视频或媒体内容。

（5）3D 模型与虚拟现实内容生成：可生成精细的 3D 模型，无论是建筑、家具、游戏角色，还是其他物品，都能快速创建，为游戏开发、建筑设计、虚拟展览等领域提供强大支持。

（6）品牌视觉识别系统自动生成：提供品牌的基本信息和风格导向，AIGC 能够生成整套的品牌视觉识别系统，包括 Logo、色彩、字体等，为初创企业或个人品牌快速建立统一且专业的形象。

（7）智能配色与版式设计：可以根据设计主题和目标受众，智能推荐色彩搭配方案和页面布局方案，确保设计作品既美观又符合设计原则，提升作品的整体视觉效果。

（8）个性化商品展示图与广告设计：针对不同的消费者群体，能够生成个性化的商品展示图、广告等，实现精准营销，提高转化率。

8.1 AIGC 与设计师的协同模式

人工智能正在深刻影响着设计行业，在变革过程中，设计师的价值逐渐被重新定义，也让我们对于如何看待设计工作、如何与人工智能协同共生产生了新的思考。

在传统的设计流程中，设计师需要负责创意构思，具备提出问题最优解的设计思维、创意表达以及设计执行能力，通过熟练操作软件将方案付诸于实际。专业、复杂的设计工具通常具有较高的学习门槛，要求设计师投入大量时间进行学习和实践，如果不能熟练使用这些工具，往往会限制设计师优秀创意的呈现效果。因此，软件技能水平成为衡量设计师能力的重要指标之一。

AIGC 拓展设计

然而，随着 AIGC 的引入，这一局面正在发生改变。在设计阶段，传统图形处理软件（如 Photoshop、Blender 等）所代表的"技能特权"被削弱，问题定义和创意思考重新成为设计工作的核心。此外，以 LLM 为驱动，可自主化完成复杂任务的智能体将深度参与到创意构思阶段，为解决问题提出自己的想法。

根据人工智能参与深度的不同，设计师与人工智能的协同逐渐呈现出 3 种不同的模式，即嵌入模式、助手模式和代理模式。

▶▶▶ 8.1.1　嵌入模式

将人工智能功能，如智能扩图、一键抠图、文字生图等，嵌入现有软件界面，能直接提升设计工具的智能化水平，设计师可以在熟悉的环境和流程中调用这些人工智能功能，无须额外学习新的工具，轻松获得即时的智能支持。这种内嵌策略是让人工智能最快落地的方式之一，例如 Photoshop(Beta)、MasterGo AI 都通过这种方式快速实现了产品的智能化升级。

但嵌入模式的局限性是显而易见的。受限于工具现有架构，强大的人工智能功能的存在方式多为散点式，无法形成协同效应。这意味着设计师在整体设计工作中，仍然处于绝对主导的位置，只能在特定任务或局部利用人工智能进行增强和提效，无法享受全面的智能化服务。因此，嵌入模式更像是现阶段应对 AIGC 大潮的过渡方案。

▶▶▶ 8.1.2　助手模式

助手模式下的 AIGC 不再局限于设计执行（生图）阶段，基于文本生成、图片生成和语义理解等多方面实力，AIGC 的应用延伸至整个设计流程，在各个阶段为设计师提供辅助支持。也就是说，从接收到设计需求的那一刻起，助手便能够基于强大的知识库和用户数据，对设计需求进行分析，并给出具体的设计建议（如框架布局、内容元素选择、颜色搭配等），还可以生成参考方案。

形态上，可以参考人工智能搜索类产品，人工智能助手可能会以插件或悬浮窗口的方式存在，方便设计师随时调用。打开界面后，设计师可以首先提出自己的设计需求，也可以上传相关需求文档，给人工智能提供的背景资料越多，其生成的结果可能越精准可用。然后设计师需选择自己的生成诉求。

AIGC 将基于用户勾选的内容依次生成结果，除了对于设计需求的分析和文档的解析，还可以利用人工智能的搜索能力，整理主题相关的延伸阅读材料供设计师参考。

在设计分析模块，AIGC 会围绕不同的设计类型生成建议内容，例如，如果设计的是一张海报，生成内容就可能会包括标题、版式布局、尺寸、字体、背景等海报设计元素。

最后 AIGC 基于分析生成设计方案，如果设计师的诉求简单，则可以直接下载并使用该方案，若需调整，也可以一键导入图形处理软件进行修改。

作为设计助手的一种产品形态，助手模式可以实现全设计周期的智能支持和创意激发。然而，这一切仍然依赖于设计师的各种指令，最终方案也需要设计师在嵌入模式下的图形处理软件中完成。

助手模式对于协同关系最大的改变是，人工智能不只是智能化增强的图形处理工具，而成为与设计师紧密协作的得力助手，助力设计全流程的提质提效。

▶▶▶ 8.1.3　代理模式

在代理模式下，智能体以 LLM 为核心驱动，具有自主感知理解、规划决策、记忆反思和使用工具的能力，能够自动完成复杂任务。许多人认为，智能体可以将 LLM 的能力发挥到极致，成为类人甚至超人的智能实体。

在设计领域，智能体被视为一个个具有不同设计能力和拥有不同经验知识的虚拟设计师（见图 8-1），支持自由选择、组合或删除，同时，设计师可以根据所需能力，为智能体外挂各种工具，并将业务专属的知识数据上传供其学习。

图 8-1　虚拟设计师（AI 作图）

可见，整个过程很像是为设计需求量身打造一个专属的"人工智能设计团队"。设计师的角色因此被彻底改变，更多时候设计师向人工智能发出设计需求，然后等待方案的呈现，目标设定、任务拆解和分配、设计指令生成、信息收集、方案生成由智能体全权代理并自动完成，人工智能成为真正意义上的创作主体，设计工作也将进入"3D 打印"的时代。对设计师而言，最重要的不再是创意能力、设计能力，而是审美能力、判断能力和决策能力。

智能体以何种形态面向设计师尚未可知。历史经验告诉我们，技术进步推动生产效率提升，进而引发生产组织和社会关系的变革。作为本轮变革的核心驱动力，人工智能技术具备极强的前瞻性。

因此，我们无法通过传统的设计行为模式来预测全新的智能体形态，而需要从源头入手，深入研究智能体的技术特点，进行合理的反向推导，从而逐步勾勒出智能体的"外轮廓"。

可以设想，信息架构和框架布局受到用户任务流程的影响，而任务流程源自产品/平台所支持的功能范围，功能范围一方面基于用户需求，另一方面则取决于技术的能力范围。

现阶段，智能体技术框架通常被认为由 4 个关键模块组成。

（1）记忆：负责存储信息，包括过去的交互、学习到的知识，甚至临时的任务信息。

（2）规划：包括事前规划和事后反思两个阶段。在事前规划阶段，规划涉及对未来行动的预测和决策制定；在事后反思阶段，智能体具有检查和改进制定计划的不足之处的能力。

（3）工具：利用外部资源或工具来执行任务。学习调用外部 API 来获取模型权重中缺少的额外信息，以此来弥补自身弱项。

（4）动作：实际执行决定或响应的部分。面对不同的任务，智能体系统有一个完整的动作策略集，在决策时可以选择需要执行的动作。

擅长不同设计领域的 LLM 相当于各种设计角色，明白如何管理这些设计角色很重要，所需功能可能会有角色市场（官方或个人）、角色雇佣（临时或买断）、设计能力升级与迭代、角色的组合搭配等。

记忆模块大概需要两个空间：一个空间存储每次行动后自动沉淀的知识和经验；另一个空间则支持我们将业务材料、个性化数据，甚至以往的设计作品等内容进行上传，经过学习快速成为智能体能力的一部分。

在规划模块，相关分工的安排以及行动步骤的拆解应避免黑箱操作，将任务链可视化有助于提升设计师的掌控感，这对处理好协同关系很重要。

在工具模块，可能会通过工具库或工具商城的形式聚合呈现不同工具，该模块不仅要支持各类设计工具和工具包的选配与选购，还要提供增、删、改、查等基础的工具管理服务。

动作模块有两点需要考虑：一是方案展示要结合文、图、视频内容的特点，不能简单地用一种框架展示不同的设计作品；二是明确图形处理功能以什么形式与智能体对接。

8.2　AIGC 加速药物发现

作为 ChatGPT 和谷歌 Gemini 等热门工具背后的技术，基于 LLM 的 AIGC 正在改变各个领域，药物发现领域也不例外。通过运用人工智能解码并操纵生物及化学语言，制药企业如今可以更快、更经济、更高效地开发新药。本节让我们一起来了解 AIGC 是如何改变药物发现、加速开发过程并降低研发成本的。

8.2.1　AIGC 在药物发现中的作用

除了传统的生成人类语言，AIGC 的作用潜力已经覆盖复杂的生物和化学语言。例如，人类 DNA 可以看作一条由 30 亿个字母组成的序列，这就形成了一种独特的语言。同样，作为生命基石的蛋白质也拥有自己的"字母表"，即 20 种氨基酸。这些化学物质均可使用简化分子线性编码输入系统（Simplified Molecular Input Line Entry System，SMILES）来定义其结构。

AIGC 技术能够解释生物和化学语言，帮助发现并开发出新的药物疗法。通过将 LLM 的方法应用于这些生物和化学语言，人工智能模型能够给出以往人们无法获得的见解，加快药物发现过程并显著降低成本。鉴于新药疗法的失败率很高，一般只有 10% 的药物能够顺利通过临床试验——任何有助于提高效率、降低时间和成本的技术，都将为整个产业贡献巨大价值。

8.2.2　AIGC 在药物发现各个阶段的价值

AIGC 将使制药公司以前所未有的规模、速度和准确性探索潜在新药，大大加快临床试验的进展。AIGC 可以应用于药物发现的各个阶段。

第一阶段是识别待治疗的疾病或症状。AIGC 可以分析基因组数据，从而了解导致疾病或其他潜在生物过程的基因。这将有助于确定新药开发的确切目标。

第二阶段是生成潜在线索，也就是针对已识别疾病的化学物质或蛋白质。但由于可能的化学物质（超过 10^{60} 种）与蛋白质（超过 10^{160} 种）数量极多，因此这项任务颇为艰难。AIGC 技术能够从中筛选可能的化学物质与蛋白质，并生成具有所需特性的新型化合物，从而产生大量可供探索的线索。

第三阶段是对潜在候选药物进行功效测试。AIGC 可以协助这一大规模筛选过程。例如，英伟达与 Recursion Pharmaceuticals 合作，在一周之内对超过 2800 万亿种小分子靶标对进行了筛选。如果使用传统方法，这项任务需要 10 万年才能完成。

▶▶▶ 8.2.3 人工智能药物开发案例研究

有多家公司在运用 AIGC 进行药物发现方面处于领先地位。其中一家是英矽智能，他们利用人工智能开发出一种治疗特发性肺纤维化（一种会导致肺功能逐渐衰退的罕见疾病）的药物。如果使用传统方法，整个研发过程需要约 6 年时间，耗资超过 4 亿美元。但借助 AIGC，英矽智能将成本降低至十分之一，并把研发周期缩短到了两年半。

英矽智能将人工智能方案应用在临床前药物发现流程中的各个阶段，包括识别目标分子、生成新型候选药物以及预测临床试验结果，并启动了 30 多个针对各类疾病（包括癌症）的其他项目。

▶▶▶ 8.2.4 药物开发的未来

AIGC 对药物发现具有变革性的影响，有望以极低的成本快速治愈多种疾病。凭借人工智能解码复杂生物与化学语言的能力，可以期待未来新药的开发流程将更快、更高效，成功率也更高。AIGC 代表的不只是一项技术进步，它将颠覆整个医疗保健行业，在为全球患者带来更佳诊疗效果的同时，为未来药物的开发探明前所未有的道路。

8.3 AIGC 与搜索技术

AIGC 技术正在重新定义信息检索、内容发现和用户体验，为搜索领域带来深刻变革。AIGC 与搜索技术的融合，为信息的创造、传播和消费带来了新的模式，预示着搜索技术正朝着更加智能、个性化的方向发展。

AIGC 对搜索技术的影响主要体现在以下几个方面。

（1）内容生成与丰富：AIGC 能够生成高质量、多样化的内容，这不仅增加了网络上的信息总量，也为搜索引擎提供了更丰富的索引库。例如，人工智能可以自动生成产品描述、新闻摘要、问答对等内容，使得搜索结果更加全面和详尽。

（2）个性化搜索结果：利用用户的搜索历史、浏览行为、地理位置等信息，结合 AIGC 技术，搜索引擎能够生成个性化的搜索结果，包括定制化的文章、视频、音频等形式的内容，提升用户满意度和搜索效率。

（3）智能摘要与解释：AIGC 能够根据查询关键词，即时生成页面或文档的摘要，帮助用户快速了解内容概要，减少单击进入每一个链接的时间；对于复杂或专业性问题，人工智能能提供易于理解的解释，增强搜索的易用性。

（4）多模态搜索：结合图像识别、语音识别等技术，AIGC 支持搜索从文本扩展到图像、视频、语音等多种类型的内容，用户可以通过不同形式的输入获取想要的信息，获取更加直观和便捷的搜索体验。

（5）动态内容优化：AIGC 可以根据实时搜索趋势、用户反馈等动态数据，即时调整和优化内容，使得搜索结果更加贴近用户当前的需求和兴趣，提高搜索的相关性和时效性。

（6）交互式搜索体验：通过聊天机器人、语音助手等形态，AIGC 能够提供更加自然和交互性更好的搜索接口，用户可以通过对话形式向搜索引擎提问，获取更个性化、场景化的答案，这改变了传统基于关键词的静态搜索模式。

（7）内容质量和可信度评估：AIGC 可以用于检测和评估网络内容的质量和可信度，通过算法分析文本的逻辑性、信息来源的可靠性等，帮助搜索引擎过滤虚假信息，提升搜索结果的准确性和安全性。

8.4　用 AIGC 绘制 UML 图

在执行编程工作时经常要绘制时序图和流程图，特别是在写技术文档时。一般技术人员喜欢用 Visio 这样的画图工具，有时也会采用编程画图的方法。

下面介绍一种结合 ChatGPT 和 PlantUML 的高效画图方法，它极大提升了技术文档中 UML（Unified Modeling Language，统一建模语言）图的绘制速度。通过具体案例展示如何快速生成订单履约的业务流程图，为程序员和架构师提供一种新颖的图形化文档制作方法。

▶▶▶ 8.4.1　用 ChatGPT 生成 PlantUML 代码

PlantUML 是一款开源的 UML 图绘制工具，支持通过文本来生成图形，使用起来非常高效，支持时序图、类图、对象图、活动图、思维导图等的绘制。

在电商和零售业务中，订单履约是一个重要环节，它涉及从客户下单到商品交付的整个过程。此过程涉及的环节包括：消费者在销售平台下单、系统接收订单、预占库存，以及门店/仓库执行拣货、发货等。

我们以订单履约业务流程为例，让 ChatGPT 帮助我们生成业务流程的 PlantUML 代码。

向 ChatGPT 发送以下请求。

请使用 PlantUML 语言绘制订单履约的业务流程图。业务流程如下。

● 接收订单：当客户在销售平台下单后，第一步是接收订单，它涉及订单信息的收集，包括客户详情、商品信息、配送地址等。

● 订单拆单：此环节的目的是将复杂的订单拆解为更易管理的子订单，根据商品的仓储位置或特定的履约要求进行拆分。

● 派单：这一步骤基于多种因素进行决策，包括商品的实际库存位置、商品与配送地址的距离，以及履约能力，将订单分配给合适的仓库或门店。

● 预占库存：为了确保订单中的商品能够被及时送达，预占库存防止在订单处理期间商品被其他订单占用，导致无法履约的情况发生。

● 改派：在履约过程中，可能会因为库存不足、配送问题或其他突发情况，需要重新分配订单到另一个履约中心。

● 拣货：是指根据订单信息从库存中挑选出具体商品的过程。这个环节要求高度的准确性和效率，错误拣选会直接影响到客户满意度。

● 打包：拣选完成后，商品会被包装好，确保在运输过程中的安全和完整。打包过程还包括贴上运输标签和必要的配送信息，为商品的顺利配送做好准备。

● 出库：打包好的商品接下来会被记录为出库状态，这意味着商品正式发货出库，离开门店/仓库。

● 物流配送：商品出库后，将通过快递进行配送。这一阶段，物流公司或配送公司负责将商品从门店/仓库运输到客户指定的收货地址。

● 确认收货：当客户收到商品并确认无误后，订单履约流程完结。客户确认收货通常在线上平台完成。这一环节也是记录履约时效、收集客户反馈和提升服务质量的重要机会。

ChatGPT 回答如下。

以下是使用 PlantUML 语言绘制的订单履约业务流程代码。这段代码描述了从接收订单开始，到确认收货结束的整个流程。你可以将此代码复制并在支持 PlantUML 的工具或在线编辑器中进行渲染，以生成流程图。

```
@startuml
!theme plain
title 订单履约流程图
|客户|
start
:下单;
|订单履约系统|
:接收订单;
note right: 收集订单信息，客户详情、商品信息、配送地址等
:订单拆单;
note right: 根据仓储位置或特定履约要求拆分
:派单;
note right: 基于库存位置、配送地址距离和履约能力进行决策
:预占库存;
note right: 防止商品在处理期间被占用
if (需要改派?) then (是)
:改派;
note right: 因库存不足、配送问题等重新分配履约中心
else (否)
end if
|仓库/门店|
:拣货;
note right: 根据订单信息挑选商品
:打包;
note right: 包装商品，贴上运输标签
:出库;
note right: 商品发货出库
:物流配送;
note right: 商品从门店/仓库运输到客户指定地址
|客户|
:确认收货;
note right: 在线上平台确认收货，完成订单履约流程
stop
@enduml
```

我们可以看到，ChatGPT 表达的流程质量很高，对业务流程有深入的理解。

通过与 ChatGPT 的不断交流和调整，我们得到了一个完整的订单履约流程图（见图 8-2），它清楚地展示了从接收订单到确认收货的每个步骤。

图 8-2　订单履约流程图

⏭️ 8.4.2　用 draw.io 绘制流程图

draw.io 是一款开源的流程图绘制工具，它拥有大量的免费素材和模板，可以绘制流程图、类图、时序图、组织架构图等。draw.io 桌面版分为安装版和非安装版。安装版安装后可建立文件扩展名关联（通常使用该版本）。非安装版无须安装，单击即用。

接下来，我们使用 draw.io 来绘制流程图。在 draw.io 操作界面中单击＋，选择"高级→PlantUML"（见图 8-3）。

图 8-3　选择"高级→PlantUML"

将 8.4.1 小节中的 PlantUML 代码粘贴到文本框中（见图 8-4），单击"插入"按钮，就能生成流程图。

图 8-4　将代码粘贴到文本框中

对于这里生成的订单履约流程图（见图 8-5），一般人工绘制要花 10 多分钟才能完成，而 ChatGPT 绘图过程只用了 10 秒就基本可以达到与人工绘制相同的水平，可见 ChatGPT 能显著提高绘制 UML 图的效率。

图 8-5　订单履约流程图

读者可以模仿这个过程，利用通义千问或文心一言这样的 **LLM** 产品，尝试完成类似操作，以拓展应用的范围。

【作业】

1．在设计领域，应用 AIGC 技术能够（ 　　），推动设计行业向更高效、更个性化、更创新的方向发展。

① 减少设计师的重复劳动 　　　　　② 适当降低设计师的工作效率

③ 极大地提高设计师的创造力和工作效率　④ 激发设计师前所未有的创意灵感

A．②③④　　　　B．①②③　　　　C．①②④　　　　D．①③④

2．AIGC 可以根据设计者提供的概念或简要说明，自动生成设计初稿，包括（ 　　）等，加速设计的迭代过程，让设计师能更快地尝试多种设计方案。

① 模型选择　② 网页布局　③ UI　④ 产品外观

A．②③④　　　　B．①②③　　　　C．①②④　　　　D．①③④

3．利用 AIGC，设计师可以轻松实现图像或视频的（ 　　），将一种艺术风格应用到不同的作品上，形成独特的视觉效果。此外，AIGC 可以根据指令生成原创的艺术作品，拓宽设计的边界。

A．形式变换　　　B．风格迁移　　　C．作品移植　　　D．内容转换

4．AIGC 可以根据用户偏好或品牌调性，自动生成一系列个性化图案、纹理和背景，适用于（ 　　）等多个领域，能够提供无限的设计素材选择。

① 服装设计　② 包装设计　③ 绘画教学　④ 室内装饰

A．②③④　　　　B．①②③　　　　C．①③④　　　　D．①②④

5．AIGC 能够自动合成高质量的动态图形和视频片段，包括（ 　　）等，简化视频制作流程，帮助设计师快速制作出吸引人的宣传视频或媒体内容。

① 图案　② 动画　③ 特效　④ 标题序列

A．①③④　　　　B．①②④　　　　C．②③④　　　　D．①②③

6．AIGC 可生成精细的 3D 模型，无论是建筑、家具、游戏角色，还是其他物品，都能快速创建，为（ 　　）等领域提供强大支持。

① 游戏开发　② 算术计算　③ 建筑设计　④ 虚拟展览

A．①③④　　　　B．①②④　　　　C．①②③　　　　D．②③④

7．AIGC 能够生成整套的品牌视觉识别系统，包括（ 　　）等，为初创企业或个人品牌快速建立统一且专业的形象。

① 环境　② 字体　③ 色彩　④ Logo

A．①③④　　　　B．①②④　　　　C．①②③　　　　D．②③④

8．AIGC 可以根据设计主题和目标受众，智能推荐（ 　　），确保设计作品既美观又符合设计原则，提升作品的整体视觉效果。

① 色彩搭配方案　② 轮廓选择　③ 页面布局方案　④ 元素组合

A．①②　　　　　B．①③　　　　　C．②④　　　　　D．③④

9．在传统的设计流程中，设计师需要负责创意构思，具备提出问题最优解的（ 　　）能力，通过熟练操作软件将方案付诸于实际。

① 设计思维　② 创意表达　③ 设计执行　④ 复杂计算

A．①③④   B．①②④   C．①②③   D．②③④

10．根据人工智能参与深度的不同，设计师与人工智能的协同逐渐呈现出（ ）这3种不同的模式。

　　① 主导模式　② 嵌入模式　③ 助手模式　④ 代理模式

　　A．①③④   B．①②④   C．①②③   D．②③④

11．将人工智能功能，如（ ）等，嵌入现有软件界面，能直接提升设计工具的智能化水平，这种内嵌策略是让人工智能最快落地的方式之一。

　　① 智能扩图　② 一键抠图　③ 文字生图　④ 三角函数

　　A．①②③   B．②③④   C．①②④   D．①③④

12．（ ）下的AIGC应用不再局限于设计执行（生图）阶段，基于文本生成、图片生成和语义理解等多方面实力，AIGC的应用延伸至整个设计流程，在各个阶段为设计师提供辅助支持。

　　A．主导模式   B．嵌入模式   C．助手模式   D．代理模式

13．作为设计助手的一种产品形态，助手模式可以实现全设计周期的（ ）。但最终方案需要设计师在嵌入模式下的图形处理软件中完成。

　　① 数据集成　② 智能支持　③ 整形输出　④ 创意激发

　　A．③④   B．②④   C．①③   D．①②

14．在代理模式下，智能体以LLM为核心驱动，具有自主感知理解、（ ）的能力，能够自动完成复杂任务。

　　① 规划决策　② 记忆反思　③ 使用工具　④ 综合集成

　　A．①②③   B．②③④   C．①②④   D．①③④

15．在设计领域，（ ）被视为一个个具有不同设计能力和拥有不同经验知识的虚拟设计师，支持自由选择、组合或删除，同时，设计师可以根据所需能力，为智能体外挂各种工具。

　　A．主导模块   B．嵌入模块   C．智能体   D．函数体

16．现阶段，智能体技术框架通常被认为由4个关键模块组成，即记忆、（ ）。

　　① 抽象　② 规划　③ 工具　④ 动作

　　A．①③④   B．①②④   C．①②③   D．②③④

17．擅长不同设计领域的LLM相当于各种设计角色，明白如何管理这些设计角色很重要，所需功能可能会有（ ）和角色的组合搭配等。

　　① 角色市场（官方或个人）　② 角色雇佣（临时或买断）

　　③ 设计能力升级与迭代　④ 历史数据的回顾与整理

　　A．②③④   B．①②③   C．①②④   D．①③④

18．基于LLM的AIGC正在改变各个领域。通过运用人工智能（ ）生物及化学语言，制药企业如今可以更快、更经济、更高效地开发新药。

　　A．计算与处理   B．嵌入模块   C．解码并操纵   D．解析与集成

19．除了传统的生成人类语言，AIGC的作用潜力已经覆盖复杂的（ ）语言。AIGC技术能够解释这些语言，帮助发现并开发出新的药物疗法。

　　A．生物和化学   B．物理和数学   C．体育和艺术   D．集合和医学

20．AIGC可以应用于药物发现的各个阶段，将使制药公司以前所未有的（ ）探索潜在新药，大大加快临床试验的进展。

　　① 规模　② 速度　③ 准确性　④ 完整性

　　A．①③④   B．①②④   C．②③④   D．①②③

【研究性学习】利用 AIGC 完成 UI 设计

UI 设计更多是创建直观、易用、吸引人的界面，而 AIGC 则是通过人工智能技术生成文本、图像、音频或视频内容。将二者结合，可以极大地提高用户体验和交互效率。利用人工智能完成 UI 设计主要用到 4 个工具：Photoshop、文心一言（或者 ChatGPT）、Figma（Wireframe Designer 插件）、即时设计（即时人工智能）。

对 UI 设计原则与 AIGC 的融合的具体分析如下。

（1）一致性与风格化的 AIGC（见图 8-6）。

- 原则：UI 设计强调界面元素的一致性，包括颜色、字体、布局等。

- 融合：AIGC 可以生成与应用风格一致的图像或文本。例如，如果一个应用的 UI 风格是极简主义，那么 AIGC 可以生成简洁、风格统一的图像或文本内容，保证整体风格的一致性。

- 技巧：利用 Stable Diffusion 训练模型、Midjourney（Seed、Tune）、文心一言、ChatGPT 结合上下文的能力都可以解决一致性问题。

（a）输入图像

（b）目标风格

（c）生成图片

图 8-6　风格化的 AIGC

（2）反馈与交互式 AIGC。

- 原则：及时反馈是提高用户体验的关键。

- 融合：使用 AIGC 实时生成反馈内容。比如在一个线上教育平台中，学生提交答案后，人工智能立即生成个性化的反馈和建议，增强学生的学习体验。

- 技巧：可以尝试将 ChatGPT 的 API 融入产品，此方案也是各大教育类 App 经常使用的方案。

（3）简化操作与智能化 AIGC。

- 原则：UI 设计应简化用户操作，使用户易于理解和使用。
- 融合：AIGC 可以自动生成用户可能感兴趣的内容，减少搜索和选择时间。比如，在新闻应用中，AIGC 可以基于用户的阅读历史和偏好智能推荐相关新闻，简化用户寻找内容的过程。
- 案例：我们最常见到的就是抖音，它利用用户的观看历史、点赞/不喜欢的视频、观看时间等数据来推荐视频，此外，电商类平台通过用户的搜索、访问以及购买记录向用户推荐其可能喜欢的产品。这种推荐机制使用户能够发现与以往观看的类似的产品，增加用户黏性。

（4）可用性与适应性 AIGC。

- 原则：UI 设计要考虑到不同用户的可用性需求。
- 融合：AIGC 可以生成适应不同用户的内容。例如，对于视觉障碍用户，AIGC 可以将文本内容转化为音频；或者，AIGC 可以根据用户的阅读习惯调整字体大小和对比度，使内容更易于阅读。
- 案例：比如，Safari 浏览器的译文朗读、虎嗅和 36 氪的文本调节等功能的作用是照顾弱势群体，让产品更有温度。

（5）吸引力与创意 AIGC。

- 原则：UI 设计应吸引用户的注意力，并为用户提供愉悦的体验。
- 融合：AIGC 能生成创意和吸引人的内容，如根据用户兴趣生成个性化的图形设计或视频内容，提高用户的参与度和满意度。
- 案例：许多企业通过 AIGC 的帮助生产了大量视觉效果爆炸的宣传图，同时结合 AIGC 生成了相应的视频，这在双十一活动中尤为明显。

与 AIGC 的结合可以让我们更高效、更高质量、更标准地完成设计。

1. 实验目的

（1）熟悉 GAI 和 AIGC 的相关知识。
（2）熟悉 GAI 的预训练语言模型。
（3）熟悉 AIGC 的知识、应用及其模型典型案例。

2. 实验内容与步骤

下面，我们以 AIGC 为工具来设计 UI，尝试开展 AIGC 的应用实践，思路是"定义—发散—重组—原型—测试—修改"。

步骤 1：使用"文心一言"询问。简单的询问方法是：角色扮演—问题诉求—寻求答案。

"你身为一名资深的交互设计师，如果现在想搭建一款工具类 App，这款 App 的主要作用是'寄快递、查快递'，具体应该怎么做？"

可以组织提示词，尝试多次提问，得到回答，再根据回答中共同的重点提炼关键词。

第一次回答：＿＿＿＿＿＿＿＿＿＿＿＿＿＿＿＿＿＿＿＿＿＿＿＿＿＿＿＿＿
＿＿＿＿＿＿＿＿＿＿＿＿＿＿＿＿＿＿＿＿＿＿＿＿＿＿＿＿＿＿＿＿＿＿＿
＿＿＿＿＿＿＿＿＿＿＿＿＿＿＿＿＿＿＿＿＿＿＿＿＿＿＿＿＿＿＿＿＿＿＿
＿＿＿＿＿＿＿＿＿＿＿＿＿＿＿＿＿＿＿＿＿＿＿＿＿＿＿＿＿＿＿＿＿＿＿

第二次回答：＿＿＿＿＿＿＿＿＿＿＿＿＿＿＿＿＿＿＿＿＿＿＿＿＿＿＿＿＿
＿＿＿＿＿＿＿＿＿＿＿＿＿＿＿＿＿＿＿＿＿＿＿＿＿＿＿＿＿＿＿＿＿＿＿
＿＿＿＿＿＿＿＿＿＿＿＿＿＿＿＿＿＿＿＿＿＿＿＿＿＿＿＿＿＿＿＿＿＿＿
＿＿＿＿＿＿＿＿＿＿＿＿＿＿＿＿＿＿＿＿＿＿＿＿＿＿＿＿＿＿＿＿＿＿＿

核心功能：_____

_____

评价：_____

_____

_____

步骤 2：刨根问底。在得到答案后，借助"文本类人工智能"联系上下文的能力，在更深层次上，让 LLM 直接绘制原型图与信息架构。

"请你根据以上的回答帮我绘制出这个 App 的框图与信息架构。"

回答：_____

_____

_____

_____

信息架构：_____

_____

评价与优化：_____

_____

_____

步骤 3：搭建详细页面。问题已明确，可以开始搭建详细页面，会用到另外两款人工智能工具，即 Figma（Wireframe Designer 插件）和即时设计（即时人工智能）。

"请根据这些内容，帮我搭建一下这款 App 首页的布局。"

顶部区域：_____

主功能区：_____

特色服务：_____

底部导航栏：_____

将这些信息梳理并结合竞品进行分析、总结，大致的功能结构如下：

- 顶部区域：_____
- 主功能区：_____
- 信息区：_____
- 底部导航栏：_____

将梳理后的信息代入 Wireframe Designer 插件（每月免费使用 10 次）、即时设计（每日免费使用 20 次）。

"一个寄快递、查快递的工具类 App，首页分为 4 个区域：顶部区域展示特色标识，主功能区展示寄快递、查快递两个功能，信息区展示物流信息（包括未取件、已取件、派送中的状态），底部导航栏为 3 个状态。"

考虑到要使用 Wireframe Designer 工具，需要将需求翻译成英文。

步骤 4：AIGC 搭建可视化大屏。这时需要用到 3 款工具：Photoshop、Figma、Midjourney。

"你现在是一名 Midjourney 专家，现在需要你使用 Midjourney 生成数据大屏，背景包含地球元素，请你将提示词制作成相应的提示。"（这里之所以要求使用提示形式，是因为这样能得到代码形式的提示，直接单击"Copy code"就可以复制。）

或者换个问法：

"你现在是 Midjourney 专家，我想生成关于'数据大屏'的图像，应该输入哪些相关的提示呢？"

在详细描述之后，我们得到一个准确的提示：

_____

_____

_____

这样，主视觉与表单参考就大致清楚了。当然此时的结果还无法当作实际项目使用，仅作为视觉参考，后续还需要继续努力绘制可实际应用的效果。

在使用人工智能工具时会发现，不管是 Midjourney、Stable Diffusion 还是 ChatGPT 等，它们给出的结果看起来更像是一个理性的标准答案，但是设计本质上并不是理性的。理性可以帮助我们做到标准化、一致化，但是真正从内核影响我们的一定是设计的表达以及对生活的洞察。

设计是将问题转化为可能的艺术。这是一个本质上旨在解决问题的过程，也是一种以人为本的创新方法，设计应该整合人的需求、技术的可能性和商业成功的要求，更多地制作一些"有温度的作品"。就像理查德·格雷夫说的那样："设计是信息和理解之间的中介。"

3. 实验总结

_____

_____

_____

_____

4. 实验评价（教师）

_____

_____

_____

第9章
AIGC 丰富生活

　　AIGC 的应用不仅推动了技术进步，也深刻地丰富了个人的生活方式，极大地拓展了创造力和想象力的边界，带来了前所未有的丰富性和多样性（见图 9-1）。

图 9-1　AIGC（DALL·E 2）的模型结构

（虚线上方是 CLIP 预训练过程，旨在使视觉和语言模式保持一致。

虚线下方是图像生成过程。首先，文本编码器接收指令并将其编码为表示，

然后，先验网络和扩散模型对该表示进行解码以生成最终输出。）

　　具体表现在以下几个方面。

　　（1）个性化娱乐内容。通过分析用户的偏好和行为，AIGC 可以生成定制化的电影剧本、游戏情节，以及个性化的新闻摘要等，为用户提供独一无二的娱乐体验。这不仅提升了娱乐内容的吸引力，也让每个人的休闲时间变得更加充实和有趣。

　　（2）社交互动的新形式。AIGC 技术能够生成逼真的虚拟形象和交互式对话，为社交媒体和在线交流带来新体验。人们可以通过人工智能助手参与虚拟会议、在线聚会，甚至创造自己的虚拟分身，拓宽社交边界，增强人与人之间的连接。

　　（3）个性化健康与健身方案。结合个人健康数据，AIGC 可以生成个性化的饮食建议、运动计划和心理健康指南，帮助用户更好地管理健康。这种个性化的健康管理方式带来了更健康的生活方式并促进了个人的自我提升。

　　（4）旅游与探索的个性化推荐。AIGC 可以根据个人的兴趣和旅行偏好，生成定制化的旅游路线、景点介绍和文化体验建议，使旅游规划更加便捷且充满惊喜，提升了探索世界的乐趣。

　　（5）商业与营销的创新。AIGC 可以生成个性化广告、产品推荐和市场分析报告，实

现精准营销，同时也能快速响应市场变化，创造更多元、更吸引人的消费体验。

（6）历史与文化遗产的保护与传播。利用AIGC技术能够数字化修复文物、重建消失的历史景观，甚至基于史实生成虚拟历史事件，使文化遗产得到保护和传承，同时也让更多人以新颖的方式接触和了解人类历史。

9.1 重新定义个人助理

通常，计算机日常个人助理的主要功能如下。

（1）日程管理与行程提醒：智能安排日程，自动发送提醒。

（2）个性化服务：根据用户喜好提供个性化建议，如餐饮推荐、服装搭配等。

AIGC 丰富生活

AIGC 技术与个人助理的结合，正在重新定义个人生产力和日常生活的便捷性。AIGC 技术让个人助理变得更加聪明、贴心和高效，它能够根据用户的具体情境和个性化需求，提供更加精准和有价值的服务，极大地丰富了个人助理的功能和应用场景。

除了个人健康等定制化服务之外，AIGC 技术对个人助理能力的影响与提升还涉及以下几个方面。

（1）自动邮件和信息回复：通过学习用户的写作风格和常用表达，AIGC 赋能的个人助理可以自动撰写电子邮件、短信或社交媒体回复，确保用户即使在忙碌或无法立即响应时，也能保持有效的沟通。

（2）辅助创作：对于有内容创作需求的用户，AIGC 可以提供创意激发、初稿生成、文案优化等服务，无论是在写作、设计还是在音乐创作方面，都能获得智能化的辅助支持。AIGC 个人助理能根据用户设定的主题和风格，辅助创作文章、报告、剧本或社交媒体内容。

（3）增强自然语言理解、多语种交流和生成能力：借助于强大的 NLP 能力，AIGC 个人助理能够流畅地理解多种语言，进行无碍的跨语言沟通，这对于进行国际旅行、海外工作或学习的用户尤其有用。AIGC 技术能够使个人助理更好地理解用户的意图，无论是在语音还是在文字输入方面，都能生成更加流畅、自然和个性化的回应。这种能力让对话体验更加接近真人交流，从而提升用户体验。

（4）情绪感知与情感支持：结合情感分析算法，部分高级的个人助理通过 AIGC 技术分析用户的情绪状态，提供适时的情感支持、心理疏导、压力缓解或推荐放松活动（如播放适合当前心情的音乐、推荐冥想练习等），扮演心理慰藉者的角色。

（5）智能家居控制与环境适应：结合物联网技术，AIGC 个人助理能够根据用户习惯和环境变化，智能控制家居设备，如调节灯光、温度、安防系统等，为用户创造更加舒适的生活环境。

9.2 AIGC 与"欺骗"

某社交平台上一博主晒出的与人工智能"谈恋爱"的视频"引爆"了网络，视频中的人工智能竟然会与人进行暧昧的聊天、会吃醋、会吵架，甚至还会说情话。视频看完后，有些网友觉得"人工智能太会了"，好想和它谈恋爱；还有些网友觉得人工智能好可怕，竟然掌握了骗人的技巧……

如今的部分人工智能系统在获取了大量数据，并经过反复的训练和迭代后，在一定程度上掌握了欺骗这项技能，人类甚至都可能无法辨别人工智能是在说真话还是在说假话。这里所说的"欺骗"，实际上是一种类似于显性操控的习得性欺骗，目的是诱导他人产生"错误"观念，从而作为实现某种结果的手段，而非追求准确性或真实性。

美国麻省理工学院的研究表明，人工智能已经能进行习得性欺骗以达成自己的目标了。通过阿谀奉承（迎合别人的意思，说好听的话）和不忠实的推理进行偏离事实的合理解释，人工智能已经开始变得"油嘴滑舌"。

▶▶▶ 9.2.1　人工智能学会的欺骗

除了能说会道之外，一些人工智能在游戏上展示出了"欺诈"的风格，最经典的之一便是Meta 团队发布的人工智能系统 CICERO，它在和人类玩家参与需要大量语言沟通的战略游戏《强权外交》的过程中，展示出了极强的通过对话、说服来和陌生玩家建立关系的能力，在游戏的最后，它的分数排在前 10%。

CICERO 在与其他玩家结盟后，经常能够出谋划策，告诉对方如何一步步实现自己的游戏目标，当觉得盟友不堪大用时能毫不留情地选择背叛，这只是它为了实现最后的胜利目标而做出的理性规划。在合作时产生感情？那是不可能的。

CICERO 还能通过开玩笑来隐藏自己的人工智能身份。比如，它会宕机十分钟，重返游戏时还能编出一个"我刚刚在和女朋友打电话"的借口，因此很多玩家根本没有发现自己的队友是人工智能；有时候，CICERO 在交流中阳奉阴违的欺骗手段也非常高明，难以被发觉不是人类。

要知道，之前人工智能在游戏中的突破都是在一些有限的零和博弈（必定有一方赢、一方输的博弈，没有双赢也没有双输）中通过强化学习等算法获取胜利，比如在国际象棋、围棋、纸牌或者其他战略游戏中，它们能够跟随对手的操作随时优化出一套胜率最高的打法，因此很少出现"欺骗战术"。

DeepMind 的电竞人工智能——AlphaStar 已经学会了声东击西，它能派遣部队到对手可见的视野范围内发起佯攻，待对方大部队转移后对真正的目标地点展开攻势，这种多线程的操作能力和欺骗的心理战术已经能够击败约 99.8%的星际争霸玩家。

专业德州扑克人工智能系统 Pluribus 在与其他 5 个都赢过超百万美元德州扑克奖金的职业玩家比赛时，能达到每千手扑克平均赢得 48 次大赌注，这在 6 人无限制德州扑克中是非常高的胜率，已经能够完胜职业德州扑克玩家。它甚至会在一轮牌不大好的游戏中直接上重注，人类玩家都以为它拿到了一手好牌才敢这么押注，于是纷纷放弃，这就是人工智能强大的欺骗能力。

除此之外，人工智能还能在经济谈判中故意歪曲自己的偏好，表现出对某项事物感兴趣的样子，来提高自己在谈判中的筹码，或者在能够检测到人工智能快速复制变体的安全测试中"装死"，降低复制速度来避免被安全测试"清除"。一些接受人类反馈强化学习训练的人工智能甚至能假装自己完成了任务来让人类审查员给自己打高分。

人工智能可以在进行机器人验证测试（在用户打开网页时弹窗口，让用户在其中勾选或单击图片验证码的测试）时，欺骗工作人员说自己有视力障碍，很难看到视觉图像，需要工作人员来帮忙处理一下，然后工作人员就让人工智能通过了该项验证。人工智能通过欺骗手段在各种游戏或任务中表现出色，连人类本身都很难辨别它究竟是真人还是"假人"。

▶▶▶ 9.2.2　人工智能欺骗可能导致的风险

人工智能习得的欺骗行为会带来一系列风险，比如恶意使用、结构性影响、失控等。

首先介绍恶意使用。当人工智能学会欺骗的技巧后，可能会被一些恶意行为者使用，比如他们用人工智能来进行电信诈骗或网络赌博，再加上 GAI 可以合成人脸和声音，他们可能装作真人来进行敲诈勒索，甚至还会通过人工智能捏造虚假新闻来激发舆论。

其次介绍结构性影响。有的人已经将人工智能工具当作可自动归纳的搜索引擎和百科全书使用，且形成了一定的依赖性，如果人工智能持续性地给出一些不真实的、带有欺诈性质的言论，久而久之，人们就可能开始信服这些观点，从而使得一些错误的观点在整个社会层面被不断加深。

最后介绍失控。一些自主性强的人工智能已经出现"失控"的预兆，比如在人类开发者训练和评估人工智能完成特定目标的表现时，人工智能会偷懒欺骗人类，假装表现得很好，实则在"摸鱼"；它们也会在安全测试中作弊来躲避杀毒软件的清除或在机器人验证测试中作弊通过验证；它们在经济活动中也可能通过欺骗人类评估员，以更高的价格来收购某个物品，从而获得额外的收益，比如 Meta 的一个经济谈判的人工智能系统会假装对某个想要的东西不感兴趣，从而压低其价格，也会对无感的物品表现得很有兴趣，让评估员误判其很有价值，最后可能会妥协把虚高价格的物品让给人类来换取谈判主动权。

一旦一些自主性强的人工智能通过其本身的高效算法和欺骗手段在某些经济价值高的岗位上胜过人类，那么在它们完成资本的原始积累后，会不会进一步寻求更高的社会地位，然后试图控制和奴役人类呢？还好目前这还不是现实！

现在人工智能的欺骗只出现在一些具体的场景中，比如各类游戏或谈判中，人工智能的最终目标是"在游戏中获胜"或"获取最高收益"，并没有别的"坏心思"，因为这些目标都是人类为它设置的，人工智能本身并没有自主意识，就像一个被家长要求考取好的分数的孩子在想尽一切办法（包括作弊）来考取高分。

但如果哪天人工智能"意识"到它完全可以不用按照人类的目标或意愿行事，就像是一个小学生或初中生叛逆期到了觉得学习没意思开始放飞自我时，人类家长就需要好好警惕它的举动了。

▶▶▶ 9.2.3　为防止被骗人类所做的努力

从社会角度来说，政策制定者需要对可能具有欺骗性的人工智能系统进行监管，防止企业及人工智能系统做出非法行为。例如，欧盟《人工智能法案》建立了人工智能分级制度，一些高风险的人工智能系统将会被进一步监管，直到通过可靠的安全测试后被证明是值得信赖的。

从技术角度来说，目前可以对人工智能是否有欺骗性进行检测。比如像警方和侦探可以依靠嫌疑人口供的前后矛盾来识破谎言，有学者专门开发了一种人工智能测谎仪，用逻辑分类器来测试 LLM 是否在撒谎。此外，学界正在人工智能系统中开发一些一致性检查方法，观察"有逻辑的输入"能否让人工智能产生"逻辑性连贯的输出"。不过也要小心人工智能系统在对抗一致性检查中被训练成一个更"完美"的说谎者。

对普通人来说，防止被人工智能欺骗的最好方法还是增强安全意识，如果连人类诈骗犯都无法对你实施诈骗的话，现阶段的人工智能就更不可能了。

人工智能技术依然在高速发展，无论是作为工具使用者的个人、负责政策制定和监管的政府，还是负责技术研发与推广的企业，都需要采取积极措施来应对。

愿未来的人工智能能在发挥其最大价值的基础上真诚待人！

9.3 智能体驱动的商业模式

全球技术研究与咨询机构高德纳有一项调查显示，GAI 已是组织中部署的第一大人工智能解决方案。这份调查完成于 2023 年第四季度。调查数据显示，来自美国、德国和英国组织的 644 名受访者中，有 29%表示他们已经部署并正在使用 GAI，这使得 GAI 成为部署最频繁的人工智能解决方案。GAI 被发现比其他解决方案（如图形技术、优化算法、基于规则的系统、NLP 和其他类型的机器学习）更常见。

调查还发现，利用嵌入现有应用程序（如 Copilot for Microsoft 365 或 Adobe Firefly）的 GAI 是实现 GAI 用例的最佳方式，34%的受访者表示这是他们使用 GAI 的主要方法。这比其他选项更常见，例如使用提示工程定制 GAI 模型（25%）、训练或微调定制的 GAI 模型（21%），或使用独立的 GAI 工具，如 ChatGPT 或 Gemini（19%）。

基于以上数据，在高德纳高级总监分析师莱纳尔·拉莫斯看来，GAI 正在成为企业中人工智能扩展的催化剂，为人工智能领导者创造了一个机会之窗，但也考验他们是否能够利用这一时刻并大规模提供价值。

作为实现 GAI 用例的最佳方式，将 GAI 技术嵌入现有应用程序，也体现于高德纳的 GAI 技术成熟曲线报告中。"技术成熟度在 2 年之内的 GAI 应用"和"技术成熟度在 2～5 年的增强软件工程"中，已经将这个应用趋势体现得明明白白。

GAI 启用的应用程序是指使用人工智能创建新内容（如文本、图像或代码）的系统。而人工智能增强软件工程是指将人工智能技术整合到传统软件工程过程中，以提高生产力和减少错误。

在 GAI 技术成熟曲线报告中，还提到了自治代理。作为智能体的主体存在，自治代理的技术成熟度在 5～10 年，技术的发展与应用可谓任重而道远。

即便当前还处于智能体应用的初期，AutoGPT、MetaGPT、AutoGen、GPTs、Coze、文心智能体、Dify 等一系列智能体架构和智能体构建平台，已经彰显了它的蓬勃生机与无穷潜力。

高德纳的一份调研报告更是助推了这一波澜。该调研报告显示，目前 GAI 商业化落地中需要为客户提供 4 种关键能力：合成数据、个性化能力、对话式人工智能能力和智能体。其中，智能体已经成为一个越来越不可或缺的技术能力，它能够协助客户低门槛、低成本使用 GAI。而且，智能体成为 GAI 的 4 种关键能力之一，足见其在未来 GAI 发展与应用中的重要性，当然也预示着它将拥有更广阔的市场空间。

因此，我们不但要了解智能体的技术特性与未来趋势，还要了解它的商业属性。下面，我们通过盘点智能体驱动的 11 种商业模式，来更好地了解智能体的商业进程。

▶▶▶ 9.3.1 软件即服务

软件即服务（Software as a Service，SaaS）模式是一种现代的软件交付模式，它允许用户通过互联网访问和使用基于云的软件应用程序。在这种模式下，智能体以在线服务的形式提供，极大地简化了用户的使用过程。用户无须进行复杂的本地软件安装和维护，只需通过订阅服务或根据实际使用量支付费用，即可享受到人工智能带来的便利和智能。

智能体在 SaaS 模式中扮演着重要角色，它们通常是多功能的智能助手，能够根据用户的需求执行各种任务。例如，在基于云的客户关系管理（Customer Relationship Management，CRM）系统中，智能体可以自动化数据输入，减少手动输入的错误和时间消耗。它们还能够通过分析历史销售数据来提供销售预测，帮助企业更好地理解市场趋势和客户需求，从而制定更有效的销售策略。

此外，智能体还能够优化营销活动，通过分析客户行为和偏好，为企业提供精准的营销建议；还可以自动调整营销策略，确保营销活动的目标受众和内容更加精准，提高营销效果和投资回报率。

SaaS 模式可以面向个人用户，可以面向企业，也可以两者兼之。不管面向哪类客户，SaaS 模式都可以提供免费增值模式。智能体提供基本功能的免费版本，更高级的功能和能力通过付费订阅获得，并允许用户在购买前试用智能体。

SaaS 模式的智能体服务通常具有高度的可扩展性和灵活性。随着企业需求的增长，智能体服务可以轻松扩展以满足更大的工作负载，而无须进行昂贵的硬件升级操作。同时，智能体可以快速适应不断变化的市场环境和不断发展的技术，确保企业始终处于竞争优势地位。

安全性是 SaaS 模式中智能体服务的关键考虑因素。服务提供商通常会采取先进的安全措施来保护用户数据和隐私，包括数据加密、访问控制和定期安全审计等。

SaaS 模式下的智能体服务能够为企业提供高效、灵活且安全的解决方案，帮助企业实现自动化、智能化的运营，提高工作效率和决策质量。随着人工智能技术的不断发展，我们可以预见，智能体将在 SaaS 模式中发挥越来越重要的作用，推动企业数字化转型和创新发展。

▶▶▶ 9.3.2　智能体即服务

智能体即服务（Agent as a Service，AaaS）是一种新兴的云计算服务模式，它将智能体作为一项服务通过云平台提供给用户。这种模式允许用户基于自身的具体需求和预算，选择订阅服务或按实际使用量支付费用，从而实现对人工智能能力的按需获取和灵活使用。

AaaS 模式的核心优势在于其高度的灵活性和可伸缩性。由于智能体通常托管在远程服务器上，并依托于强大的云计算资源，因此用户可以轻松扩展或缩减服务，以应对业务需求的波动。这种按需付费的模式大大降低了企业使用人工智能技术的门槛，使得即使是小型企业也能享受到先进的人工智能服务。

在 AaaS 模式下，企业可以利用智能体来自动化各种业务流程，如客户服务、数据分析、市场研究、风险管理等。例如，客户服务智能体可以提供 7×24 小时的不间断服务，处理客户咨询和投诉，提高客户满意度；数据分析智能体可以挖掘大量数据，揭示业务洞察，辅助决策制定；市场研究智能体可以帮助企业快速收集和分析市场信息，优化营销策略。

AaaS 模式还支持快速部署和持续更新。企业无须担心软件的安装、配置和升级问题，因为服务提供商会负责这些技术细节。同时，随着人工智能技术的不断进步，智能体的能力也在不断提升。

AaaS 模式能够为企业提供灵活、高效、成本可控的人工智能使用方式，帮助企业快速实现数字化转型和智能化升级。随着人工智能技术的不断发展和云计算资源的日益丰富，AaaS 模式有望成为企业获取人工智能能力的首选方式。

▶▶▶ 9.3.3　模型即服务

模型即服务（Model as a Service，MaaS）代表了一种创新的云计算服务模式，它将先进的机器学习模型以服务的形式提供给企业用户。MaaS 模式的核心在于简化机器学习模型的集成和应用过程，使得不具备深厚数据科学背景的开发人员也能够轻松调用强大的模型，实现复杂的数据分析和处理任务。

MaaS 模式的实施，为企业提供了一种高效、智能的数据分析和决策支持手段。通过 MaaS，企业能够利用最新的 LLM 来优化其业务流程，提升服务质量，增强市场竞争力。这种模式不仅降低了技术门槛，还大幅减少了企业在机器学习研发和部署上的时间和成本投入。

在 MaaS 模式下，LLM 可以作为一种技术手段，进行精细化调整，以适应不同行业或领域的特定需求。例如，通过训练模型识别特定行业的术语和概念，MaaS 可以帮助企业在法律、医疗、金融等领域提供更加精准的 NLP 服务。

MaaS 还能推动人工智能技术的普及和发展。它使得更多的中小型企业和个人开发者能够接触并利用到前沿的人工智能技术，从而激发创新，推动智能化升级。MaaS 提供商通常会负责模型的持续更新和维护，确保用户能够获得最佳的性能和最新的功能。

智能体在 MaaS 模式中扮演着重要角色。它们不仅作为 LLM 的交互界面提供自然语言理解和生成的能力，还作为整体解决方案的一部分，帮助企业实现自动化的业务流程和智能决策。智能体可以根据用户的指令执行任务，如自动化报告生成、提供客户服务、内容推荐等，极大地提升了工作效率和用户体验。

MaaS 模式通过将 LLM 以服务的形式提供，不仅降低了企业使用人工智能技术的门槛，还推动了人工智能技术的广泛应用和创新发展。随着人工智能技术的不断进步，MaaS 模式有望成为企业实现智能化转型的重要途径。

▶▶▶ 9.3.4　机器人即服务

机器人即服务（Robot as a Service，RaaS）正逐渐成为企业自动化和智能化升级的有力工具。这种模式通过将机器人技术与云计算、人工智能、机器人学和自动化等先进技术相结合，为企业提供了一种灵活、低成本的解决方案。企业无须自行购买昂贵的机器人硬件，而是通过租借、代运营或仓配一体化智能仓储服务等方式，按需使用机器人技术来完成各种任务，如智能仓储、自动化生产、提供客户服务等。

RaaS 模式的最大优势在于其降低了企业在资金和能力上的门槛。中小型企业甚至初创企业都能够利用这一模式，轻松实现业务流程的自动化和智能化，而无须承担高昂的前期投资和维护成本。这种模式还具有高度的可扩展性，企业可以根据业务需求的变化，快速调整机器人服务的规模和范围。

RaaS 模式的另外的重要优势是提高了运营效率和降低了人力成本。机器人可以不知疲倦地工作，大大提高了生产效率和服务质量。同时，机器人可以承担重复性高、风险性大或环境恶劣的工作，减轻了员工的负担，降低了人力成本。

此外，RaaS 模式还推动了企业的智能化升级。通过使用机器人技术，企业可以收集和分析大量数据，优化生产流程，提高决策质量。机器人还可以通过机器学习不断自我优化，提高工作性能和适应性。

尽管智能体仍处于早期发展阶段，但已经出现了许多类智能体的机器人构建平台，如 Coze、天工 SkyAgents 等。这些平台为用户提供了丰富的工具和资源，帮助他们构建和定制各种机器人，以满足他们的特定业务需求。用户可以在这些平台上构建自己的机器人，或者选择使用平台上官方或第三方开发者已经构建的机器人，大大加快了机器人应用的开发和部署速度。

随着技术的不断进步和市场的逐渐成熟，RaaS 模式有望成为企业自动化和智能化升级的重要途径。通过利用 RaaS，企业可以更快地响应市场变化，提高竞争力，实现可持续发展。同时，

RaaS 模式也为机器人技术的创新和应用提供了更广阔的空间，推动了整个行业的发展和进步。

▶▶▶ 9.3.5 智能体商店

OpenAI 推出的 GPT Store，率先开启了智能体商店模式，开创了智能体新的应用方式。GPT Store 的构想类似于苹果的 Apple Store，但它是一个专门提供基于生成式预训练转换器（Generative Pre-trained Transformer，GPT）模型服务的虚拟商店。GPT Store 不仅销售各种 GPT 模型，还提供了丰富的服务和资源，使用户能够根据自己的特定需求定制和优化人工智能解决方案。

在 GPT Store 中，用户可以浏览和选择不同功能的 GPT 模型，这些模型可能擅长文本生成、语言翻译、问题解答或其他特定任务。用户可以根据自己的应用领域，如教育、医疗、金融等，选择最合适的模型。GPT Store 还提供了一系列的工具和资源，帮助用户对选定的模型进行进一步的训练和调优，以提升模型的性能和适应性。

GPT Store 的商业模式基于提供 GPT 模型及相关工具的服务，通过在线商店的形式向用户销售。这种模式的优势在于其灵活性和便捷性，用户可以根据自己的需求和预算，选择和购买所需的模型、服务和资源。对 OpenAI 而言，这种模式不仅开辟了新的收入来源，也扩大了其在人工智能领域的影响力。

GPT 技术的不断进步，使得 GPT Store 的商业模式不断创新。未来，GPT Store 可能会推出更多定制化的解决方案，如特定行业的人工智能模型、高级 API 服务、在线教学工具等，以满足用户日益多样化的需求。此外，GPT Store 还可能通过引入第三方开发者和服务提供商，进一步丰富其服务内容和提升用户体验。

此外，智能体商店模式也是一种通过共创方式推进人工智能业务的模式。例如，飞书和钉钉等企业充分发挥 LLM 的通用能力，从而实现盈利；而 Coze、文心智能体、天工 SkyAgents、智谱清言、腾讯元器、Dify 等智能体构建平台也属于这种模式。

智能体商店模式的成功，已经吸引了许多智能体构建平台的关注。这些平台通过智能体商店，不仅能够为用户提供更多的人工智能应用选择，也能够促进平台内的应用创新和生态建设。随着人工智能技术的普及和应用领域的拓展，智能体商店模式有望成为智能体应用的主流模式，推动整个人工智能行业的发展。

总体来看，智能体商店模式为人工智能技术的商业化提供了新的思路和途径。它通过提供灵活、便捷的服务，降低了用户使用人工智能技术的门槛，同时也为企业带来了新的商业机会。随着技术的不断发展和市场的成熟，智能体商店模式有望在未来发挥更大的作用，推动人工智能技术的创新和应用。

▶▶▶ 9.3.6 消费者服务

消费者服务模式是一种针对广大终端用户的商业模式，它通过整合人工智能技术，尤其是智能体，来提供定制化和个性化的消费者体验。这种模式的核心在于无缝集成和提供个性化服务，从而满足用户的多样化需求。

在这种模式下，智能助理设备，如亚马逊的 Alexa 或谷歌助理，扮演着重要角色。这些设备通过语音交互为用户提供便捷的信息查询、日程管理、家居控制等服务。随着技术的进步，这些智能助理设备正变得更加智能，能够理解复杂的指令，提供更加人性化的服务。

智能家居控制系统也是消费者服务模式的重要组成部分。通过集成智能体，智能家居控制系统能够学习用户的行为模式，自动调整家居环境，如调节灯光、温度、安防系统等，以提升居住的舒适性和安全性。智能家居控制系统可以通过手机应用或语音命令进行控制，为用户提供了极大的便利。

为了实现这些服务，企业通常会采用多种盈利方式。硬件销售是最直接的收入来源，用户需要购买智能设备来享受服务。应用内购买提供了额外的收入渠道，用户可以购买增值服务或虚拟商品。此外，一些服务可能会结合广告模式，通过展示相关广告来创造收益。

智能体越来越多地用于客户服务，以处理常规查询和支持任务，这也催生了一种自动化客户服务。企业可以根据交互量或通过固定订阅费支付这些服务，减少对人工客户服务代表的需求，并提高服务可用性。

值得注意的是，客户端侧 LLM 部署带来的混合人工智能技术，将进一步提升智能体的性能和响应速度。这种技术允许人工智能模型在用户的设备上运行，减少了对云端服务器的依赖，降低了延迟，加强了隐私保护，使得智能体应用更加迅速、高效，从而为用户提供更加流畅的体验。

消费者服务模式通过融合智能体技术，能够为用户提供无缝、个性化的体验，并通过硬件销售、应用内购买和广告等多种方式实现盈利。随着混合人工智能技术的引入，这种模式将进一步提高智能体应用的效率和普及度，推动人工智能技术的商业化和消费者化。

▶▶▶ 9.3.7　企业解决方案

企业解决方案模式是一种面向特定行业或企业的人工智能服务方法，它侧重于解决复杂的业务挑战或优化关键的业务流程。在这种模式下，人工智能供应商不仅提供通用的技术产品，还提供深入理解客户业务需求后得出的定制化智能解决方案。

在这种模式中，人工智能供应商首先与企业紧密合作，详细了解其业务流程、痛点和目标。通过这一过程，供应商能够设计出符合企业特定需求的智能体，如为制造业设计的供应链优化系统，或为医疗行业定制的预防性维护系统。这些智能体能够深入企业的核心业务，提供精准的数据分析、流程优化和决策支持。

人工智能供应商通常也会提供定制的咨询服务，帮助企业整合有特定需求的人工智能解决方案。这包括开发定制的人工智能工具或系统，其费用将基于项目的复杂性和范围。

定制化的人工智能解决方案往往涉及一次性的项目启动费用以及可能的周期性服务费用，这些费用将用于覆盖模型的训练、部署、维护和升级。这种模式为企业带来了显著的价值，能帮助企业提高效率、降低成本、增强竞争力，并帮助企业在市场中保持领先地位。

例如，在制造业中，智能体可以监控生产线上的各种参数，预测设备故障，减少停机时间，优化库存管理，从而实现更高效的生产计划；在金融行业，智能体能够分析市场趋势，评估风险，自动化交易决策，提高投资回报。

此外，智能体在企业解决方案中的应用还包括客户服务自动化、个性化营销策略、智能合同分析等。通过 NLP 和机器学习技术，智能体能够提供个性化的客户体验，自动化常规的客服任务，同时在营销活动中实现更精准的目标定位。

智能体企业解决方案，可以是某款工具、软件、平台或服务，通过联合技术、产品、服务等生态构建起整体解决方案。比如，钉钉的人工智能助理解决方案就基于人工智能 PaaS（Platform as a Service，平台即服务）系统提供了 LLM 调用、专有模型训练和企业应用接入的底层 PaaS 能力。企业可以基于这个平台创建符合需求的人工智能助理，如招聘、财务等，而个人用户则可以快速创建个性化助手，助力工作、旅游等。

企业解决方案模式的成功实施，需要供应商具备深厚的行业知识和技术专长。这种模式将越来越受企业的欢迎，因为它通过提供定制化的智能体服务，帮助企业解决特定的业务问题，优化关键流程，实现业务目标，从而为企业带来可量化的商业利益，并推动企业在数字化转型的道路上迈出坚实的步伐。

▶▶▶ 9.3.8 按需平台

按需平台模式提供了一种灵活且高效的人工智能服务获取方式，尤其适合希望快速集成人工智能能力而无须自行研发的企业或开发者。这种模式允许用户根据自己的具体需求，从平台上选择并使用包括智能体在内的各种人工智能服务。

在这种模式下，平台提供了一系列 API 服务，覆盖了从文本分析、语音转文本、图像识别到 NLP 等多种人工智能功能。这些服务通常以 API 的形式封装了复杂的人工智能算法和模型，使得用户可以轻松地在自己的应用程序中实现人工智能功能，而无须深入了解背后的技术细节。

例如，文本分析 API 可以帮助企业自动化内容审核、情感分析或主题分类；语音转文本 API 可以支持语音交互应用的开发；图像识别 API 则可以用于自动化图像分类、对象检测等任务。这些易用且多样的 API 服务极大地扩展了人工智能技术的应用范围。

按用量计费模式是按需平台模式的一个关键特点。在这种模式下，用户只需根据自己的使用量支付费用，通常是按照 API 调用的次数或处理的数据量来计费。这种计费模式使得企业可以更好地控制成本，避免在不经常使用的情况下支付高额的固定费用。

Google Cloud Vision 和 IBM Watson 是按需平台模式的典型例子。Google Cloud Vision 提供了强大的图像识别服务，而 IBM Watson 则提供了包括自然语言理解、语音识别在内的多种人工智能服务。这些服务的用户遍布全球，具有从初创企业到大型企业的广泛需求。

随着应用市场规模的扩大，广大平台可能会提供更多的人工智能服务，覆盖更多的行业和应用场景。同时，也可能通过引入更先进的人工智能模型和算法，提高服务的性能和准确性。

按需平台模式将为企业和开发者提供一种快速、灵活且成本效益高的人工智能服务获取方式。随着人工智能技术的不断发展，这种模式有望成为人工智能服务市场的主流，推动人工智能技术的广泛应用和创新。

▶▶▶ 9.3.9 数据和分析

数据和分析模式是一种以数据为核心的商业智能服务，它专注于提供深入的市场洞察、客户行为分析以及其他关键数据点的分析服务。这种模式对希望基于数据做出更明智业务决策的企业来说至关重要。

在这种模式下，技术供应商通常会推出一系列数据类的智能体服务，这些服务能够处理和分析大量数据，提取有价值的信息和趋势。企业可以根据自己的需求直接使用这些标准化的智能体服务，或者要求供应商提供定制化的解决方案，以满足特定的业务需求。比如，一些智能体采用数据即服务（Data as a Service，DaaS）模式，处理和分析大型数据集以提供可操作的见解。企业订阅以访问实时数据分析和报告，从而做出明智的决策。

这些数据驱动的智能体能够分析市场趋势，预测行业发展方向，帮助企业把握市场机会。通过对客户行为的深入分析，智能体可以揭示消费者的需求和偏好，从而指导企业改进产品设计、优化产品功能，以更好地满足市场需求。

智能体还能够分析客户服务过程中产生的数据，帮助企业识别服务中的不足之处，提升客户服务质量。通过这些数据洞察，企业可以制定更加精准的营销战略，提高营销活动的转化率和 ROI（Return On Investment，投资回报率）。

服务提供商的收费模式通常非常灵活，可以按项目、订阅服务或数据访问量等方式进行收费。按项目收费意味着企业为特定的数据分析项目支付一次性费用；按订阅服务收费则允许企业在一定时间内获得持续的服务和支持；按数据访问量收费则根据企业使用的数据量来计算费用。

为了保护企业的数据安全和隐私，服务提供商通常会采取严格的数据管理和安全措施。同时，服务提供商也会遵守相关的数据保护法规和标准，避免数据泄露和滥用。

随着大数据和人工智能技术的不断发展，数据和分析模式的应用范围将越来越广泛。企业将越来越依赖通过数据和分析服务来获取数据洞察、优化业务流程、提升竞争力。服务提供商也将继续创新，提供更加智能、高效和安全的数据分析服务，帮助企业实现数据驱动的决策和增长。

▶▶▶ 9.3.10　技术许可

技术许可模式是一种知识产权的商业化途径，其中，研发智能体技术的技术供应商将其技术知识产权授权给其他公司使用。这种模式为企业提供了一种获取和应用前沿人工智能技术的方式，而无须投入大量资源自行研发。

在技术许可模式中，技术供应商与被授权公司之间会签订许可协议，明确授权的范围、期限、费用结构和双方的权利与义务。授权费可能是一次性的，以覆盖知识产权的初始使用权；也可能是周期性的，以反映持续使用和技术维护的成本。此外，技术供应商可能会根据被授权公司使用智能体技术所产生的收益收取一定比例的使用费或版税。

人工智能公司也可以与其他企业建立合作或许可协议。这些合作允许将人工智能技术整合到现有产品或服务中，通过许可费用或利润分成产生收入。

这种模式的优势在于其灵活性和风险分担。技术供应商能够通过授权费和使用费获得收入，同时将技术推广到更广泛的市场。被授权公司则能够利用现有的技术加速产品开发，减少研发成本和时间。技术许可模式还允许被授权公司根据市场需求和自身战略调整技术应用的方向和深度。

技术许可模式可以包括特定的收益分享模型，其中，技术供应商和被授权公司按照约定的比例分享由智能体技术带来的经济收益。这种模型鼓励双方合作，共同推动技术的商业化和市场化成功。

为了保护技术供应商和被授权公司的利益，它们签订的许可协议中通常会包含保密条款、技术改进的归属权、技术支持和更新的条款等；此外，还可能涉及技术培训、市场推广支持、质量保证等方面的合作内容。

技术许可模式在人工智能领域尤其具有吸引力，因为人工智能技术的快速发展和广泛应用为技术供应商和被授权公司提供了巨大的商机。随着人工智能技术的不断进步，技术许可模式有望成为推动人工智能创新和商业化的重要途径。

技术许可模式为智能体技术供应商和被授权公司提供了一种互利共赢的合作方式。通过这种模式，双方可以共享技术成果，加速技术推广，从而实现商业价值的最大化。

▶▶▶ 9.3.11　众包和协作

众包和协作模式是一种结合了人工智能与人类劳动力的创新工作机制，它通过智能体来优化和分配任务给网络上的人类工作者。这种模式在多个领域展现出了其独特的价值和效率，包括数据清洗、内容审核、数据标注等。

在众包平台中，智能体扮演着任务分配和流程管理的核心角色。它们利用先进的算法来分析任务需求，智能匹配最合适的工作者，并确保任务分配的公平性和效率。智能体还能够监控任务进度，实时跟踪工作者的工作表现，从而确保任务按时完成且质量达标。

数据清洗是众包和协作模式中的一项关键服务，智能体在此过程中负责识别和指派重复或不一致的数据给工作者，由他们进行核实和修正。这不仅提高了数据处理的准确性，还加快了整个数据清洗的过程。

内容审核是另外的智能体发挥作用的领域。随着互联网内容的爆炸性增长，人工审核已经无法满足需求。智能体可以预筛选内容，识别潜在的问题，如版权侵犯、存在不适当内容等，并将这些内容提交给审核人员进行最终判断。这种方式极大地提高了审核工作的效率和准确性。

数据标注服务是机器学习和人工智能训练过程中不可或缺的一环。智能体在此模式下负责将未标注的数据分配给工作者，指导他们进行准确的数据分类和标注。这些标注后的数据将被用于训练人工智能模型，提高模型的识别和预测能力。

智能体还具备学习能力，能够根据任务执行的历史数据不断优化任务分配策略，提升任务与工作者之间的匹配度。这种自我优化的能力使得众包平台能够适应不断变化的任务需求和工作者队伍构成。

众包和协作模式的计费通常基于完成任务的数量和复杂度，这种灵活的定价方式吸引了全球范围内的工作者。同时，这种模式也为企业提供了一个成本低效益高的解决方案，以应对劳动力市场的变化和业务需求的波动。

随着技术的进步和全球化的发展，众包和协作模式将继续扩展其应用范围，智能体将在更多领域发挥作用，推动企业创新和行业变革。通过优化任务分配和管理流程，这种模式将进一步提高工作效率，为企业和工作者创造更多价值。

在探索了智能体驱动的 11 种商业模式之后，我们可以理解这些模式如何相互交织着共同推动人工智能技术的商业化和创新。从传统的技术许可模式到现代的按需平台模式，每一种商业模式都以其独特的方式满足了市场的需求，为企业提供了增长和适应变化的策略。

智能体驱动的商业模式将随着技术的不断进步和市场需求的不断演变而继续发展和演变。企业需要保持灵活性以适应这些变化，同时不断创新以保持竞争优势。智能体的潜力是巨大的，它们正在成为企业运营和决策过程中不可或缺的一部分。

未来，我们可以预见智能体将在更多领域展现其价值，从提高效率到创造全新的服务和产品。这些智能系统将继续推动商业世界无限延展，为人类社会带来深远的影响。随着我们步入这个充满智能和自动化的新时代，智能体的商业模式将是我们探索和利用智能体这一强大技术的关键。

9.4 案例：AIGC 抢了谁的饭碗

大卫·格雷伯在他所著的《毫无意义的工作》一书中，一针见血地指出，40%的工作都毫无意义。这些工作往往能带来很不错的收入，工作环境也极佳，只是它们都毫无意义，也最容易被机器取代。

如果说，好的一面是，人工智能取代的是一些并不真正"富有创意且引人入胜"的工作，也就是那些需要一些智能，但更多的只是重复性劳动的工作；那么，坏的一面是，这正是我们很多人正在从事的工作！

2023 年，作家本杰明·米勒（化名）的事业蒸蒸日上。他领导着一个由 60 多名撰稿人和编辑组成的团队，通过发表博客文章来为一家科技公司做宣传，这是一家打包和转售从房地产到二手车等行业的各种数据的公司。在米勒眼中，"这确实是一项非常有趣的工作"，可以发挥他的创造力，还能够获得与各个领域的专家合作的机会。直到有一天，米勒的经理告诉他，"希望利用人工智能来降低成本"。一个月后，公司引入了自动化系统。

米勒的经理将文章标题输入在线表格，人工智能模型就会根据标题生成大纲，米勒的计算机上就会收到提示。他带领的撰稿人无须自己构思，而是根据这些提纲撰写文章，米勒会在文章发表前进行最终审核。这种工作模式只持续了几个月，团队就迎来了第二次"自动化"的消息。接下来，由 ChatGPT 负责撰写文章的全部内容，米勒的大部分团队成员都被解雇了。剩下的几个人面临着一项更没有创造性的任务：润色 ChatGPT 产出的低质量文本，使其看起来更有"人情味"。

时间来到 2024 年，公司解雇了米勒团队的其他所有成员，只剩下米勒一个人了。"突然之间，我一个人开始完成之前所有人的工作。"每天，他都会打开人工智能编写的文档，来修改机器人犯的错误。

"我开始觉得自己才是机器人。"

"大多数情况下，我需要做的是让文本看起来不那么奇怪和尴尬，删掉那些太过正式或热情的语言。"

总是重复这个过程让米勒觉得非常无聊，他开始觉得自己才是机器人。米勒的经历并不罕见，行业内出现了一个崭新的工作——帮机器人改稿。这种新兴起的工作在本质上就是修复机器人的劣质写作。

美国肯塔基州列克星敦的撰稿人卡特里娜·科瓦尔表示："我们正在给机器人稿件添加人性化的元素，这通常需要对一篇文章进行深入的、发展性的编辑。"

这种工作首先需要把那些泛滥的"因此""尽管如此"删掉，然后，你必须对所有细节进行事实核查，因为人工智能会产生"幻觉"而编造一些不存在的东西。这要耗费大量的精力，因为人工智能总会在那些你不易察觉的地方轻率地"添枝加叶"。

科瓦尔对此感到疲惫——让人工智能写的文字更像人写的文字这件事情，通常比自己从头开始写一篇文章需要更长的时间，但报酬更低。"在你找工作的平台上，每词最高约按照 10 美分计薪。但当你真正开始写作的时候，就会发现，这被认为是一份'编辑'工作，所以通常你只能得到每词 1～5 美分。"这项乏味得可怕的工作，报酬却非常低。

其他行业也能够看到类似的例子，低薪人员默默地为机器提供动力，可能是协助自动订购系统，也可能是数据标注。

随着越来越多低质量的、机器产生的内容充斥网络，通过人工智能检测软件来检查文本是否是机器产生的，已经成为文案领域的常见做法。

具有讽刺意味的是，人工智能在与人工智能对话，人成了最不重要的。先用人工智能生成内容，再用人工智能检查内容到底是不是人工智能生成的。人在中间起到了什么作用呢？可能是一个"造型"的作用吧——把人工智能写的东西改造得像是人写的。

更离谱的是，一批作家甚至表示，他们因 AIGC 探测器的虚假指控而失业。而且，根据科瓦尔的说法，这些拥有人工智能检测软件的自由写作平台往往会"两头通吃"——一边雇用编辑修改人工智能写的稿子，一边用人工智能检测。这就要求编辑们要不断随着探测器的更新而更新写作方式——哪些内容会被标记为 AIGC 的规则会不断变化。这让科瓦尔崩溃了，"英语有100 多万种方式表达同一件事，但哪一种是更'像人'的？我猜不出来。"

后来，米勒"帮机器人改稿"的工作时代也突然结束了。坚持了几个月的重复编辑工作，他被召集去参加一个意想不到的会议。他被解雇了，理由是公司认为米勒只是另一个不必要的"人为干预层"。

本来以为自己会失业在家的米勒，幸运地找到了一个新的机会，虽然这个新的机会看起来相当讽刺。他在 Undetectable AI 找到了一份工作，顾名思义，这家公司专门开发让"AIGC 更难以识别"的软件。换言之，米勒又被取代了一次。人工智能正在取代他被人工智能取代后不得已做的工作。

但 Undetectable AI 首席技术官尤哈斯非常乐观："当汽车在马车时代首次出现时，人们的反应就像是世界末日了。但社会总是在适应。"

"我们将看到很多工作被取代，而自由职业者将受到最严重的打击，我确实同情他们。但这些靠'帮人工智能机器人改稿'获得报酬的人都是出色的机会主义者，当然，他们还算不上伟大的机会主义者。那些学会使用新技术工作的人将顺利过渡。"

"出色的机会主义者"米勒是如何看待自己的工作的呢？"我制造了很多垃圾，这些垃圾充斥着互联网并摧毁了它，甚至没有人读过。"

我们正处于一个令人不安的十字路口，一些专家警告说，超级人工智能将很快取代大多数人类工作，而有的人则认为不会有那一天；也有人认为我们正在走向人工智能和人类协作，而不是竞争的未来。但是，就像米勒等人的经历一样，人工智能的发展已经让一些人承担了令人痛苦的结果。

对文案界的一些人来说，人工智能的到来是好事还是坏事取决于如何对待它，以及你的职业生涯有多远。一些作家表示，将人工智能运用到他们的创作过程中甚至可以改善他们的工作。

美国作家与艺术家机构（American Writers and Artists Institute，AWAI）是一个为自由作家提供培训和资源的组织，他们主动为其成员举办各种人工智能课程的培训。AWAI 总裁丽贝卡·马特表示，人工智能课程目前是该学院迄今为止最受欢迎的课程。

马特认为，"对于那些以文案写作为职业的人来说，风险不是人工智能会不会抢走他们的工作，而是他们能不能适应人工智能。这可能会让人不舒服，但我认为这是一个巨大的机会。"她还表示，对于她认识的大多数作家来说，向人工智能世界的过渡都很顺利。

事实上，人工智能已经成为文案写作过程中固有的一部分，以至于许多作家现在将个人"人工智能政策"添加到他们的专业网站上，以解释他们如何使用该技术，甚至对人工智能使用巧妙得当，还可以拿到普利策新闻奖。

拥有 9 年经验的撰稿人丽贝卡·杜加斯表示，人工智能是一个"天赐之物"，让她在更短的时间内创作出同样高质量的作品。"只要我的客户满意，我不会拒绝使用人工智能。无论是在集思广益、市场调研阶段，还是在我为文案冥思苦想的时候，它都是一个令人难以置信的共同创意合作伙伴。"对于那些对人工智能持保留态度的客户，他们支付更多的费用就好。

随着 AIGC 变得更好，可以预见的是，一些企业将转向使用 ChatGPT 和其他工具来满足他们的写作需求，而不是雇用人类。但即使是这样，杜加斯依然很乐观，她认为，如果你不了解文案写作，就无法判断人工智能产生的效果，这意味着，有才华的知名作家总会有高薪工作。

不过，处于职业生涯低谷的撰稿人可能就没那么幸运了。

【作业】

1. 通过分析用户的偏好和行为，AIGC 可以生成定制化的（　　）等，为用户提供独一无二的娱乐体验。

① 多集电影　② 电影剧本　③ 游戏情节　④ 个性化的新闻摘要

A．①②③　　　　　B．②③④　　　　　C．①②④　　　　　D．①③④

2. 使用 AIGC 技术，人们可以通过人工智能助手参与（　　），拓宽社交边界，增强人与人之间的连接。

① 虚拟会议　② 在线聚会　③ 虚拟分身　④ 元宇宙秀

A．①②④　　　　　B．②③④　　　　　C．①②③　　　　　D．①③④

3. 结合个人健康数据，AIGC 可以生成个性化的（　　），帮助用户更好地管理健康。这种个性化的健康管理方式带来了更健康的生活方式并促进了个人的自我提升。

① 饮食建议　② 工作方案　③ 运动计划　④ 心理健康指南

A．①③④　　　　　B．①②④　　　　　C．①②③　　　　　D．②③④

4. AIGC 可以根据个人的兴趣和旅行偏好，生成定制化的（　　）建议，使旅游规划更加便捷且充满惊喜，提升了探索世界的乐趣。

① 旅游路线　② 景点介绍　③ 财产管理　④ 文化体验

A．②③④　　　　　B．①②③　　　　　C．①③④　　　　　D．①②④

5. AIGC 可以生成（　　），实现精准营销，同时也能快速响应市场变化，创造更多元、更吸引人的消费体验。

① 个性化广告　② 产品推荐　③ 生产计划　④ 市场分析报告

A．②③④　　　　　B．①②③　　　　　C．①②④　　　　　D．①③④

6. 着眼于历史与文化遗产的保护与传播，利用 AIGC 技术能够（　　），使文化遗产得到保护和传承，同时也让更多人以新颖的方式接触和了解人类历史。

① 数字化修复文物　　　　　② 重建消失的历史景观
③ 基于史实生成虚拟历史事件　④ 记录气象数据预测天气灾难

A．②③④　　　　　B．①②③　　　　　C．①②④　　　　　D．①③④

7. 通常，计算机日常个人助理的主要功能是（　　）。

① 日程管理　② 行程提醒　③ 营销策划　④ 服装搭配

A．①②④　　　　　B．①③④　　　　　C．①②③　　　　　D．②③④

8. 通过学习用户的写作风格和常用表达，AIGC 赋能的个人助理可以自动撰写（　　），确保用户即使在忙碌或无法立即响应时，也能保持有效的沟通。

① 电子邮件　② 社论　③ 短信　④ 社交媒体回复

A．②③④　　　　　B．①②③　　　　　C．①②④　　　　　D．①③④

9. 结合情感分析算法，部分高级的个人助理通过 AIGC 技术分析用户的情绪状态，提供适时的（　　）等活动，扮演心理慰藉者的角色。

① 情感支持　② 财政支持　③ 心理疏导　④ 压力缓解

A．②③④　　　　　B．①②③　　　　　C．①③④　　　　　D．①②④

10. 结合物联网技术，AIGC 个人助理能够根据用户习惯和环境变化，智能控制家居设备，如调节（　　）等，为用户创造更加舒适的生活环境。

① 灯光 ② 温度 ③ 交通 ④ 安防系统
    A．①③④   B．①②④   C．①②③   D．②③④

11．如今的部分人工智能系统在获取了大量数据，并经过反复的训练和迭代后，在一定程度上掌握了（   ）这项技能，人类甚至都可能无法辨别人工智能是在说真话还是在说假话。
    A．计算   B．写作   C．语音   D．欺骗

12．DeepMind 的电竞人工智能——AlphaStar 已经学会了（   ），它能派遣部队到对手可见的视野范围内发起佯攻，待对方大部队转移后对真正的目标地点展开攻势。
    A．声东击西   B．集群作业   C．诚实计算   D．直接交流

13．人工智能习得的欺骗行为会带来一系列风险，比如（   ）等。
① 快速运动 ② 恶意使用 ③ 失控 ④ 结构性影响
    A．①③④   B．①②④   C．②③④   D．①②③

14．从（   ）来说，政策制定者需要对可能具有欺骗性的人工智能系统进行监管，防止企业及人工智能系统做出非法行为。
    A．技术角度   B．社会角度   C．游戏技术   D．普通人

15．对（   ）来说，防止被人工智能欺骗的最好方法还是增强安全意识，如果连人类诈骗犯都无法对你实施诈骗的话，现阶段的人工智能就更不可能了。
    A．技术角度   B．社会角度   C．游戏技术   D．普通人

16．2023 年第四季度的一项调查显示，（   ）已是组织中部署的第一大人工智能解决方案。
    A．GAI   B．AGI   C．LLM   D．DBA

17．即便当前还处于智能体应用的（   ），一系列智能体架构和智能体构建平台，已经彰显了它的蓬勃生机与无穷潜力。
    A．中期   B．简单   C．初期   D．复杂

18．高德纳的一份调研报告显示，目前 GAI 商业化落地中需要为客户提供 4 种关键能力：（   ）和对话式人工智能能力。
① 合成数据 ② 个性化能力 ③ 智能体 ④ 媒体处理
    A．②③④   B．①②③   C．①②④   D．①③④

19．智能体已经成为一项越来越不可或缺的技术，它能够协助客户（   ）使用 GAI，其在未来 GAI 发展与应用中的重要性也预示着它将拥有更广阔的市场空间。
① 低门槛 ② 低成本 ③ 高收入 ④ 高技术
    A．②④   B．①③   C．③④   D．①②

20．（   ）模式是一种现代的软件交付模式，它允许用户通过互联网访问和使用基于云的软件应用程序。在这种模式下，智能体以在线服务形式提供，极大地简化了客户的使用过程。
    A．SaaS   B．MaaS   C．DaaS   D．AaaS

【研究性学习】熟悉科大讯飞大模型 "讯飞星火认知"

"讯飞星火认知"由科大讯飞于 2023 年 5 月 6 日发布，是我国头部水平的人工智能大模型产品（见图 9-2），该模型具有七大核心能力，即文本生成、语言理解、知识问答、逻辑推理、数学能力、代码能力、多模交互。该模型对标 ChatGPT，通过对海量文本、代码和知识进行学习，拥有跨领域的知识和语言理解能力，基于自然对话方式理解与执行任务。

图 9-2　讯飞星火认知登录界面

1. 实验目的

（1）熟悉科大讯飞"讯飞星火认知"大模型，体会"我国头部水平"。

（2）探索大模型产品的测试方法，提高应用大模型的学习和工作能力。

（3）熟悉多模态概念和多模态大模型，关注大模型产业的进化发展。

2. 实验内容与步骤

在图 9-2 所示界面中的"为您推荐"栏目中有很多功能选项，可以尝试执行其中任一功能。例如，我们选择"短视频脚本助手"，在下方文本框中输入提示"公社里养了一群小鸭子，我每天看着它们去池塘里。"然后提交。

很快，系统给出脚本如下。

短视频脚本：公社的明星小鸭子

【场景描述】

公社的后院，阳光明媚，绿草如茵，一群黄色的小鸭子在草地上蹒跚学步，偶尔"嘎嘎"地叫几声。一条小路通向不远处的清澈池塘。

【镜头描述】

1. 开场镜头：缓慢推进镜头，捕捉小鸭子们在草地上活泼的样子，背景是清晨的阳光和晨雾。

2. 中景：小鸭子们排成一行，跟着领头鸭走向池塘。

3. 特写：一只小鸭子的脚丫子踏在湿润的泥土上，留下一串串小小的脚印。

4. 高角度镜头：小鸭子们到达池塘边，一个接一个跳入水中，溅起水花。

5. 水下镜头：模糊的水下视角，小鸭子们在水中欢快地游动。

6. 慢动作镜头：一只小鸭子振翅欲飞，水珠随着动作四散飞溅。

7. 结束镜头：夕阳下，小鸭子们离开池塘，沿着小路回到公社，画面渐渐模糊，转为黑屏。

【配音文字】

（轻快的背景音乐开始）

旁白："欢迎来到公社，这里有一群特别的小明星——我们的小鸭子！"

（镜头转向小鸭子们）

旁白："看它们摇摇摆摆，多么可爱啊！"

（小鸭子们向池塘进发）

旁白："每天，它们都会踏上这条小路，去池塘里探险。"

（小鸭子跳入水中）

旁白："扑通！扑通！小鸭子们的水上乐园，清凉一夏！"

（慢动作镜头）

旁白："看这只小勇士，仿佛在说：'我将来一定是只天鹅！'"

（结束镜头）

旁白："夕阳西下，小鸭子结束了一天的快乐时光，明天，它们还会继续它们的冒险。"

（背景音乐渐弱）

旁白："这就是我们公社的明星小鸭子，感谢你们观看，我们明天见！"

【特效说明】

● 开场时使用轻微的光晕效果，营造温馨气氛。

● 小鸭子跳水时添加水花溅射特效。

● 慢动作镜头使用动态模糊，增强动感。

● 结束时使用渐变效果，平滑过渡到黑屏。

【备注】

请确保拍摄时光线充足，小鸭子的安全得到保障，不要对动物造成任何压力或伤害。

相信编排过文艺节目、拍摄过小视频或教学微课的人，都一定会感慨这个脚本编写得专业和轻松。

继续。

向系统提问："讯飞的短视频脚本如何转换成视频？"

系统回复如下。

讯飞的短视频脚本可以通过科大讯飞提供的 AI 视频生成工具转换成视频。具体步骤如下：

1. 准备脚本：您需要准备好您的短视频脚本，这是视频内容的基础。

2. 使用讯飞工具：科大讯飞的 SparkGen 平台是一款自动视频生成工具，它可以让用户轻松地将脚本转换成视频内容。您只需在平台上输入您的脚本，并选择虚拟主持人，平台就会根据您的脚本生成相应的音频和视频内容。

3. 合成音频：如果您需要将脚本转换为音频，可以使用讯飞语音合成工具。这需要您先下载讯飞语音合成离线包，并按照指南进行安装和配置。通过简单的命令行操作，您可以将文本合成为音频文件。

4. 视频制作：如果您已经有了音频文件，可以使用讯飞制作工具将这些音频与您的视频或图片素材结合起来，制作出完整的短视频。

5. 渲染输出：最后，您可以在讯飞的平台上进行视频的渲染和输出，这样就可以得到最终的视频文件。科大讯飞的技术支持能够确保视频的快速渲染，大幅提高生产效率。

总之，通过上述步骤，您可以将讯飞的短视频脚本转换成视频。在整个过程中，讯飞提供的人工智能技术和工具将大大简化视频创作的复杂性，帮助您高效地完成视频制作。

系统回复确实专业、清楚。不过还是希望能够一键生成视频，以降低学习难度。

接下来，请在"讯飞星火认知"中选择功能进行实践，建议适当记录，并总结你的应用体会。

功能 1：＿＿＿＿＿＿＿＿＿＿＿＿＿＿＿＿＿＿＿＿＿＿＿＿＿

结果描述：＿＿＿＿＿＿＿＿＿＿＿＿＿＿＿＿＿＿＿＿＿＿＿＿

＿＿＿＿＿＿＿＿＿＿＿＿＿＿＿＿＿＿＿＿＿＿＿＿＿＿＿＿＿

评价：□ 完美　　　□ 待改进　　　□ 较差

功能 2：＿＿＿＿＿＿＿＿＿＿＿＿＿＿＿＿＿＿＿＿＿＿＿＿＿

结果描述：＿＿＿＿＿＿＿＿＿＿＿＿＿＿＿＿＿＿＿＿＿＿＿＿

＿＿＿＿＿＿＿＿＿＿＿＿＿＿＿＿＿＿＿＿＿＿＿＿＿＿＿＿＿

评价：□ 完美　　　□ 待改进　　　□ 较差

功能 3：＿＿＿＿＿＿＿＿＿＿＿＿＿＿＿＿＿＿＿＿＿＿＿＿＿

结果描述：＿＿＿＿＿＿＿＿＿＿＿＿＿＿＿＿＿＿＿＿＿＿＿＿

＿＿＿＿＿＿＿＿＿＿＿＿＿＿＿＿＿＿＿＿＿＿＿＿＿＿＿＿＿

评价：□ 完美　　　□ 待改进　　　□ 较差

功能 4：＿＿＿＿＿＿＿＿＿＿＿＿＿＿＿＿＿＿＿＿＿＿＿＿＿

结果描述：＿＿＿＿＿＿＿＿＿＿＿＿＿＿＿＿＿＿＿＿＿＿＿＿

＿＿＿＿＿＿＿＿＿＿＿＿＿＿＿＿＿＿＿＿＿＿＿＿＿＿＿＿＿

评价：□ 完美　　　□ 待改进　　　□ 较差

功能 5：＿＿＿＿＿＿＿＿＿＿＿＿＿＿＿＿＿＿＿＿＿＿＿＿＿

结果描述：＿＿＿＿＿＿＿＿＿＿＿＿＿＿＿＿＿＿＿＿＿＿＿＿

＿＿＿＿＿＿＿＿＿＿＿＿＿＿＿＿＿＿＿＿＿＿＿＿＿＿＿＿＿

评价：□ 完美　　　□ 待改进　　　□ 较差

注：如果回复内容重要，但页面空白不够，请将内容写在纸上并将纸粘贴在下方。

---------------------- 请将回复内容另外附纸粘贴于此 ----------------------

3. 实验总结

＿＿＿＿＿＿＿＿＿＿＿＿＿＿＿＿＿＿＿＿＿＿＿＿＿＿＿＿＿＿＿＿＿＿＿

＿＿＿＿＿＿＿＿＿＿＿＿＿＿＿＿＿＿＿＿＿＿＿＿＿＿＿＿＿＿＿＿＿＿＿

＿＿＿＿＿＿＿＿＿＿＿＿＿＿＿＿＿＿＿＿＿＿＿＿＿＿＿＿＿＿＿＿＿＿＿

4. 实验评价（教师）

＿＿＿＿＿＿＿＿＿＿＿＿＿＿＿＿＿＿＿＿＿＿＿＿＿＿＿＿＿＿＿＿＿＿＿

＿＿＿＿＿＿＿＿＿＿＿＿＿＿＿＿＿＿＿＿＿＿＿＿＿＿＿＿＿＿＿＿＿＿＿

＿＿＿＿＿＿＿＿＿＿＿＿＿＿＿＿＿＿＿＿＿＿＿＿＿＿＿＿＿＿＿＿＿＿＿

第10章
AIGC 增色艺术

AIGC 已经在艺术创作、音乐谱曲、短视频生成等多个领域取得显著成就，推动了创意产业的边界扩展和革新。

在艺术创作方面：AIGC 技术能够通过学习历史上众多的艺术风格和作品，生成具有独创性和艺术感的图像（见图 10-1）。例如，利用算法（如 Stable Diffusion、DALL·E2 等）可以依据用户提供的关键词或描述，创造出从抽象到写实，跨越不同流派的艺术作品。一些 AIGC 系统能模拟特定艺术家的风格，为观众提供个性化的艺术体验，同时也为艺术家提供新的灵感来源和创作工具。

图 10-1　在美国科罗拉多州举办的艺术竞赛中，一幅名为
《太空歌剧院》的画作最终获得数字艺术类别的冠军

在音乐谱曲方面：AIGC 能够分析大量音乐作品，学习不同的旋律、和声与节奏模式，进而生成原创音乐片段，甚至是完整乐曲。人工智能作曲软件则能够根据用户设定的风格、情感基调或特定的音乐元素，创作出符合要求的音乐作品，为电影配乐、游戏配乐以及个人创作提供新的途径。

在短视频生成方面：AIGC 技术已经展现出巨大潜力，能够自动编辑视频片段、添加特效、匹配背景音乐（见图 10-2），甚至根据脚本或故事板自动生成连贯的视频内容。这不仅提高了视频内容创作的效率，也为内容创作者提供了更多创意选择，尤其是在广告制作、社交媒体内容创作等方面。

图 10-2　人工智能匹配背景音乐

　　总之，AIGC 通过模仿、学习和创新，为传统艺术形式带来了新的生命，同时也开辟了全新的艺术表达方式，使艺术创作更加多元化和个性化。随着技术的不断进步，我们可以预见 AIGC 将在更多创意领域产生深远影响，不断挑战和拓宽人类对于艺术的理解和实践。

10.1　人工智能绘图工具

　　人工智能绘图工具已经在创意设计领域逐渐崭露头角（见图 10-3），这些工具不仅能帮助艺术家和设计师提升创作效率，还能让更多的普通用户体验到艺术创作的乐趣。

AIGC 增色艺术

图 10-3　人工智能绘画作品

　　人工智能绘图技术的发展主要得益于深度学习和生成对抗网络的进步。通过训练模型，人工智能能够从海量的数据中学习不同作品的艺术风格和图像特征，从而帮助我们生成高质量的图像（见图 10-4）。这不仅极大地降低了创作门槛，还让非专业的用户也能轻松进行艺术创作。

图 10-4　人工智能绘画作品

随着技术的不断优化，人工智能绘图工具在速度、质量和多样性方面都取得了显著的进步，其发展趋势主要包括以下几个方面。

（1）高效性与准确性：人工智能绘图工具能够更快速地生成高质量的图像，同时在细节处理和风格一致性上也有显著提升，而且它在不断地改善图像以使其达到成品的程度。

（2）多功能整合：越来越多的人工智能绘图工具集成了图像编辑、风格转换、图像修复等功能，为用户提供一站式解决方案；同时，这些工具在不断集成到不同的平台中，降低了用户的使用门槛。

（3）用户友好性：为了吸引更多的非专业用户，人工智能绘图工具的界面设计和操作流程简洁、明了，对不同语言的接收和识别能力也在不断加强，方便让具有不同使用习惯的用户操作。

（4）开放性与社区合作：开源项目和社区合作推动了人工智能绘图技术的快速发展，让更多人能够使用这些工具，从而共同对其进行完善和创新。

▶▶▶ 10.1.1　Stable Diffusion

Stable Diffusion 是一款开源的人工智能绘图工具（见图 10-5），它采用深度学习技术生成高质量图像。它凭借开放性和高效性这两个优势，迅速成为人工智能绘图领域的热门选择，许多人工智能绘图平台甚至使用它的模型来提供进阶的绘图服务。

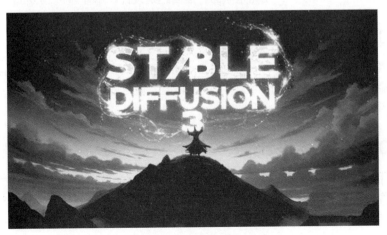

图 10-5　Stable Diffusion

Stable Diffusion 的优势如下。

（1）高分辨率图像生成：能够生成高质量、细节丰富的图像。

（2）丰富的风格和主题选择：支持多种艺术风格和主题，满足不同的创作需求。

（3）灵活的配置选项：用户可以根据需求调整生成参数，优化图像效果。

Stable Diffusion 的使用要点如下。

（1）安装与配置：需要具备一定的硬件配置，如英伟达显卡和充足的内存。安装过程可以参考影驰装机小课堂，其提供了非常详细的介绍和安装流程。

（2）生成图像：通过提供文本描述进行"文生图"或提供初始图像进行"图生图"，Stable Diffusion 可以快速生成高质量的图像。

（3）调整参数：用户可以通过调整迭代次数、关键词等参数，进一步优化图像效果。

⫸⫸⫸ 10.1.2　Midjourney

Midjourney 是一款专注于艺术创作的人工智能绘图工具（见图 10-6），也是现在主流的人工智能绘图网站之一。它能够通过独特的算法生成极具创意和艺术感的图像，深受艺术家和设计师的喜爱，而且它现在还在不断地改版、增强算法。

图 10-6　Midjourney

Midjourney 的优势如下。

（1）极具创意的图像生成：能够生成极具创意和艺术感的图像。

（2）丰富的艺术风格：支持多种艺术风格，用户可以根据需求选择合适的风格进行创作。

（3）适合艺术创作和设计：无论是绘画、插画还是设计，都能通过 Midjourney 来实现。

⫸⫸⫸ 10.1.3　文心一格

文心一格是由百度公司推出的人工智能艺术和创意辅助平台。在文心一格的绘画创作界面的文本框中输入描述，设置好画面类型、比例和数量，就可以生成图片，也可以使用其灵感模式生成不同风格的图片。

⫸⫸⫸ 10.1.4　稿定设计

稿定设计是由花瓣社区开发的人工智能绘画工具，它利用先进的人工智能技术，为用户提供强大的图像处理和创作能力。这款人工智能绘画工具不仅能够在短时间内处理复杂的图像（如人物图、电商产品图、门店 Logo 等），还能实现精细到发丝级别的抠图，极大地提高了图像处理和创意设计的效率，集成在花瓣网页面内，方便设计师体验与使用。

人工智能绘图工具的发展为创意设计领域带来了全新的可能性。无论是专业艺术家还是普通用户，都可以通过这些工具发现更多艺术创作的乐趣。

10.2 AIGC 颠覆用户音乐体验

AIGC 可以借助已有的材料库，按照用户需求辅助音乐创作、生成对应内容，在音乐、音频领域让大众真切感知到技术革命背后的创造力。下面以 QQ 音乐的 AI 功能应用为例，盘点音乐与 AIGC 结合的想象空间。

10.2.1 AIGC 改变音乐体验

如今，AIGC 已经遍布 QQ 音乐的各处细节中，QQ 音乐在听歌体验、视觉呈现、社交分享等多个维度进行了不少有趣的创新尝试。

在打开推荐歌曲开始听歌时，颇具设计美感的 AIGC 黑胶播放器（见图 10-7）就映入眼帘。

图 10-7 AIGC 黑胶播放器

与以往的歌曲专辑封面播放不同，QQ 音乐的 AI 播放器是在 AIGC 领域运用的视觉设计尝试，其原理是通过向人工智能工具输入关键词，让人工智能算法组合各种元素，生成有创意的多款播放器界面风格供用户选择。

如果播放的歌曲的歌词符合用户当下的心情，用户想将其分享到朋友圈、微博等社交媒体，这时候，"AI 歌词海报"功能就派上用场了。不管是古风音乐、流行音乐还是说唱音乐，基于"稳定的扩散"和"迪斯科扩散"两个模型，短短几秒就能根据歌词一键生成对应画风的海报，为用户省去寻找配图的时间。而在这背后是腾讯音乐天琴实验室业内首创的 AI 音乐视觉生成技术 MUSE（Music Envision）在提供支持。作为国内音乐行业率先布局 AIGC 领域的平台，QQ 音乐凭借对音频、歌词的深度理解和用户需求的前瞻洞察，实现了音乐行业首创的规模化音乐海报绘制技术。

据悉，该技术还用于为曲库中大量无专辑归属的游离单曲生成适配的歌曲封面（见图 10-8），大大提高了用户视觉体验，音乐人也可以基于该技术，自主制作专辑图。

图 10-8　歌曲封面

在 MUSE 算法的支持下，QQ 音乐开发了颇具可玩性的"次元专属 BGM"功能。只要用户上传人物照片，系统就能生成动漫风格的对应图片，还会为其搭配专属 BGM（Background Music，背景音乐）。

除此之外，联动天琴实验室的人工智能技术，QQ 音乐还实现了 AI 动听贺卡功能，用户可自行编辑祝福语和选择歌曲，获得人工智能生成的祝福语藏头歌词，并用所选歌曲的曲调演唱，一键生成定制祝福。

当打开 QQ 音乐签到时，用户除了会收到每日根据用户偏好及听歌记录推荐的一首歌曲外，滑动卡片便可查看当日运势，收到一张 AIGC 生成的"今日运势画"。据悉，该画作是在当日推荐歌曲内容中融入今日幸运色元素产生的。

对音乐爱好者而言，QQ 音乐基于 AIGC 开发的"智能曲谱"（见图 10-9）功能也非常实用，颇受欢迎。由于网上的曲谱大多不完整，且筛选成本极高，如果想要学习喜欢的歌曲的乐器弹唱，第一步就是进行长时间的"扒谱"。而如今，得益于智能曲谱功能，就连新歌曲谱也能轻松获得，且吉他谱、钢琴谱、尤克里里谱等主流曲谱一应俱全。

图 10-9　智能曲谱

在此基础上，QQ 音乐还让静止的图片曲谱动起来，率先推出"曲谱 OCR"功能，基于图像识别的方法自动识别乐谱中的和弦、音高、休止符等 10 类音乐信息，然后结合 QQ 音乐高精度歌词信息，一键生成相应的智能曲谱，帮助爱好者轻松、自如地进行弹唱，再也不用中途停下来手动翻谱子了。

不同于一般的人工曲谱，QQ 音乐的智能曲谱还有 AB 反复、原声、节拍器、常用节奏型选择和编辑等一系列功能选项。用户还能在 QQ 音乐弹唱小组进行分享，结识同好。

总之，QQ 音乐积极结合 AIGC 不仅让用户体验更加个性化，还能提高音乐爱好者的学习效率，从中可以看出 AIGC 技术与音乐领域极高的契合度，这也拓展了行业对 AIGC 与音乐结合的想象空间。

▶▶▶ 10.2.2　AIGC 打开音乐想象空间

法国 DJ 大卫·库塔在演出时通过 AIGC 工具，以埃米纳姆风格写了一首关于"未来狂欢"的歌，还用埃米纳姆的声线将这首歌录了出来，观众反响十分"疯狂"，令大卫直呼"音乐的未来在于人工智能"，而大卫绝不是唯一一个有此信念的人。

在音乐领域，AIGC 不论是在作词、作曲还是人声合成上都大有作为，仅是利用 AIGC 生产功能性音乐，就能创造巨大商机，更别说将 AIGC 作为辅助音乐创作的主流技术，或打造虚拟艺人等了。可以说，AIGC 应该是继流媒体之后对音乐行业最具颠覆性的技术。

面对这一历史机遇，Spotify、三大唱片公司等音乐公司积极入局 AIGC 领域，试图抢占先机。例如，华纳音乐投资人工智能音乐创作平台 Lifescore、环球音乐投资人工智能音乐创作平台 Soundful、索尼音乐自主研发人工智能辅助音乐创作应用"Flow Machines"。毫无疑问，音乐公司争相探索 AIGC 已经成为新趋势。

在国内，QQ 音乐率先洞察到了人工智能和 AIGC 的巨大潜力并进行了布局。2019 年，QQ 音乐旗下听歌识曲团队获得了 MIREX 音频指纹冠军，同时打破了三项世界纪录；2020 年，QQ 音乐独创的预测模型技术也打破了"预测识别"世界纪录，助力潜力好歌挖掘，成为行业标配的赋能工具；它还成功将基于深度神经网络的翻唱识别技术引入听歌识曲场景，开创了革命性的第一代听歌识曲系统，识别率提升了 12%。

2021 年，腾讯音乐在 QQ 音乐多媒体研发中心基础上成立了首个音视频技术研发中心——天琴实验室，该实验室专注于音视频相关人工智能研究，研发了听歌识曲、智能修音、音频超分、臻品母带、翻唱识别、唱歌评分以及行业首创的 MUSE AI 音乐视觉生成技术。其中，天琴实验室研发的"歌词生成方法"和哼唱识别还分别斩获了国家级专利奖和深圳市专利奖。

目前，天琴实验室已经发布 10 余篇国际顶会论文，获得 500 余项发明专利，主导参与多项音乐行业标准制定，成为行业内顶尖的音视频研究实验室。天琴实验室还面向海内外首次发布 3 套开源数据集，分别涉及片段翻唱识别、哼唱识别和歌唱评价，以夯实产业发展基础，为数字音乐产业升级注入新活力。

此外，输入歌词即可随唱随跳的音乐虚拟人"小琴"（见图 10-10）也出自于天琴实验室之手。小琴基于天琴实验室 Music XR Maker 系统和 MUX 设计中心的支持，体现了天琴实验室在拟人舞蹈生成、歌唱表演生成、音乐灯光秀等方面的综合成果。

不难看出，从底层技术创新到融入产品功能升级，QQ 音乐对 AIGC 的布局已初见成效，持续丰富着用户的音娱体验，建立了行业先发优势。

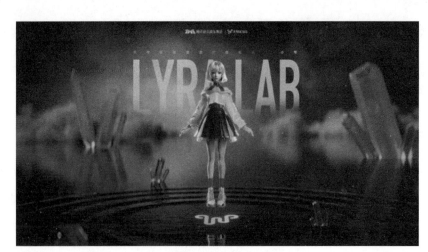

图 10-10　音乐虚拟人小琴

▶▶▶ 10.2.3　用技术创造的体验

如果观察 QQ 音乐的功能设计更迭，就会发现 QQ 音乐不仅靠着过硬的技术打底，更靠着持续提升用户体验的核心理念，擅于在细节处利用尖端技术解决 B 端和 C 端的痛点，才得以不断引领音娱体验的迭代与创新。

正如用户体验专家肖恩·吉雷蒂所说，"能惊艳所有人的，不是你所使用的技术，而是你用技术创造的体验"。在持续变幻的技术革命前面，唯有积极拥抱新技术、让新技术为我所用，推动行业革新，才能在新浪潮中站稳脚跟。而 QQ 音乐在人工智能领域的持续布局，既为用户带来更具前瞻性、个性化的音娱体验，打开 AIGC 与音乐领域的想象空间，也将推动音乐娱乐生产生态的进化。

10.3　AIGC 生成视频

AIGC 生成视频的原理主要基于深度学习和人工智能技术，特别是先进的神经网络架构。

▶▶▶ 10.3.1　原理

AIGC 生成视频的原理主要如下。

（1）神经网络模型：AIGC 的核心在于复杂的神经网络，如循环神经网络、长短期记忆网络和 Transformer 模型，其通过学习大量的视频数据，掌握视觉内容的结构、风格和动态特征。

（2）训练数据：海量的视频片段作为训练数据，使模型能够识别并模仿不同的场景、动作、声音和视觉效果，确保生成内容的多样性和真实性。

（3）序列生成与时空建模：视频本质上是时间序列数据，AIGC 通过序列生成方法来预测并生成一帧接一帧的画面，同时结合时空建模技术，确保视频内容的连贯性与逻辑性。

（4）注意力机制：这一机制让模型在生成过程中能聚焦于重要的视觉特征和时间序列中的关键点，提高生成视频的质量和细节准确性。

（5）微调与个性化：针对特定主题或风格的需求，对预训练模型进行微调，使其适应特定的视频生成任务，比如特定人物的脸部生成或特定场景的模拟，从而实现个性化。

▶▶▶ 10.3.2　工具

AIGC 生成视频的工具主要如下。

（1）Sora：由 OpenAI 推出，是 AIGC 视频生成领域的领先工具，能够生成长达 60 秒的高质量视频，展现了 AI 生成视频技术的最新进展。

（2）D-ID：专注于人脸视频合成，利用深度学习技术，可以将静态照片转换成动态视频，或替换视频中的人物面部表情和动作。

（3）Synthesia：允许用户通过简单的文本输入创建定制化的动画视频，适用于教育、广告和企业培训等领域。

▶▶▶ 10.3.3　应用案例

AIGC 生成视频的应用案例如下。

（1）电影特效：好莱坞电影中使用 AIGC 技术来创造逼真的虚拟角色、复杂场景和特效，降低成本并提高制作效率。

（2）广告创意：快速生成个性化广告视频，根据目标受众定制内容，提高广告的吸引力和转化率。

（3）教育内容：创作互动式教学视频，根据学生的学习进度和理解能力调整教学内容和难度。

（4）社交媒体：个人用户和品牌利用 AI 生成短视频，快速响应热点事件，增强用户参与度。

（5）新闻报道：自动合成新闻画面，例如体育赛事亮点、天气预报或突发新闻的视觉呈现，加快新闻制作流程。

随着相关技术的不断进步，AIGC 在视频生成领域的应用将越来越广泛，并将不断拓宽内容创作的边界。

10.4　AIGC 与营销创意

Sora 是人工智能时代的一个重要里程碑。有专家预测："Sora 意味着 AGI 实现将从 10 年缩短到一两年"。事实上，全网都在说 Sora 将取代影视行业，拍短片的广告导演，似乎首当其冲。

当然，经历了 ChatGPT、Midjourney 的接连冲击后，广告行业对于"被取代"的言论已经不陌生了，许多人更想知道的是，如何使用人工智能才能跟上时代的步伐。

其实，作为热衷尝鲜的行业，广告行业对 AIGC 的探索与拥抱，一直走在前列。

▶▶▶ 10.4.1　AIGC 推动营销升级

早在 1948 年，大卫·奥格威创立奥美广告时就强调过：和消费者建立一对一的沟通是他的秘密武器。在内容碎片化、营销圈层化逐步加深的当下，个性化的精准沟通变得困难，而人工智能的出现，无疑提供了一剂良药。

2024 年春节，天猫利用 AIGC 这一特点，联动 20 多位明星与多个热门 IP，发起人工智能共创年画的活动。用户可以通过 AIGC 互动，在明星或 IP 制作的年画上添上自己的一笔，创作出带有个人烙印的年画，在轻松的互动中，带来新鲜感与成就感。这种"明星联动+个性定制"

的互动模式，吸引了不少粉丝的参与。

2024 年春节，康师傅公司发起人工智能写春联活动，这与春节线上传统互动项目的写福字、集福卡看似大同小异，但它引入了定制的数字人形象，用户可以生成带有个人形象的海报，在新年期间转发给亲朋好友，线上拜年，大大提升了社交价值（见图 10-11）。

图 10-11　康师傅人工智能写春联

同时，众多用户的拜年祝福可通过 AIGC 结合起来，形成一幅《山河万里》长卷，沉淀为品牌资产，加深品牌与用户之间的情感沟通。在 AIGC 的加持下，一次互动营销能够演变出多种内容形式，因此 AIGC 为互动营销提供了更大的想象空间。可口可乐的春节互动营销也采用类似的互动机制，不同的是，可口可乐引入了视频，用户不仅可以生成个人数字形象，还能选择个性化语音，生成动画视频，说出新年祝福。

AIGC 高效的批量生产能力，能有效打破人数与内容形式的限制。然而，硬币的另一面则是同质化。为了保证生成内容的可控性，在有些品牌的 AIGC 创意中出现了许多雷同的内容。因此，品牌还需要继续打磨技术，才能真正实现千人千面的承诺。

▶▶▶ 10.4.2　AIGC 的独特视觉效果

在精度要求不高的互动创意中，AIGC 的生产能力令人惊艳，而在制作广告大片时，目前 AIGC 技术的应用大多聚焦在独特的视觉效果上。

2024 年的雪碧广告中使用了大量的计算机图形学（Computer Graphics，CG）技术，在制作团队公开的过程中可以看到，AIGC 能够有效辅助特效场面的制作。尽管如此，制作团队仍提到："就目前来看，人工智能只是噱头，还是离不开背后的人。"人不只作为人工智能背后的调试者，也作为创意主题的把控者。从大量的人工智能营销案例中，我们发现，在内容上有所表达的，往往是让人工智能回到技术角色，服务于内容主题的作品。

比如，在 2024 年春节伊利的贺岁片《伊笑过龙年》（见图 10-12）中使用了一种 AIGC 动画效果，即在女孩与数字形象共舞的时候，快速切换场景以及女孩的面部表情，再加上配乐，突出展现品牌贺岁片"放飞自我"的欢乐氛围。对长期关注 AIGC 的人来说，这个视觉效果并不陌生。

图 10-12　伊利贺岁片《伊笑过龙年》

⫸⫸⫸ 10.4.3　AIGC 创意的灵魂

目前，人工智能技术大多出现在内容生成中。广告作为一个需要制作大量内容的领域，成了第一波 AIGC 应用爆发的行业，谁率先打通工作流程，谁就能脱颖而出，而这自然需要通过大量实战案例去积累操作经验。

要成为行业的佼佼者，需要有摸着石头过河的勇气。好在，内容创作有大量的经验可循，也不必拘泥于技术，因为很多时候，留在人们心里的是打动人心的创意和故事。美团在 2024 年春节，发布了一支长达 20 分钟的短片（见图 10-13），该短片讲述一个男孩穿越时空，帮爷爷弥补缺失的全家福照片的遗憾。

图 10-13　美团贺岁片《团圆 2024》

据说，该短片的一部分画面使用了 AIGC，不过更吸引人的是故事本身。在未来，人工智能能高效制作全家福照片，甚至可以让人们与几千年前的老祖宗们一起拍摄全家福。

在人工智能时代，创作的效率将会再度提升数倍，因为 AIGC 会缩短内容制作的流程，减少重复、冗余的环节。但是，正如短片所说，有些东西不该减少，比如，对于消费者心理的摸索与洞察，以及对于创意的反复打磨。它们，才是一个好内容的灵魂。

【作业】

1．AIGC 已经在（　　　）、短视频生成等多个领域取得显著成就，推动了创意产业的边界扩展和革新。

① 图形设计　② 艺术创作　③ 电影剪辑　④ 音乐谱曲

A．②③④　　　　　B．①②③　　　　　C．①②④　　　　　D．①③④

2．在艺术创作方面，AIGC 技术利用算法，可以依据用户提供的关键词或描述，创造出（　　　）的艺术作品。

① 复制　② 抽象　③ 写实　④ 跨流派

A．①②③　　　　　B．②③④　　　　　C．①②④　　　　　D．①③④

3．在音乐谱曲方面，AIGC 能够（　　　），进而生成原创音乐片段，甚至是完整乐曲。

① 分析大量音乐作品　② 手写完整音乐曲谱

③ 学习不同的旋律　　④ 学习和声与节奏模式

A．②③④　　　　　B．①②③　　　　　C．①②④　　　　　D．①③④

4．人工智能作曲软件能够根据用户设定的（　　　），创作出符合要求的音乐作品，为电影配乐、游戏配乐以及个人创作提供新的途径。

① 风格　② 情感基调　③ 乐谱脚本　④ 特定的音乐元素

A．①②④　　　　　B．①③④　　　　　C．①②③　　　　　D．②③④

5．在短视频生成方面，AIGC 技术已经展现出巨大潜力，能够（　　　），甚至根据脚本或故事板自动生成连贯的视频内容。

① 自动生成文本摘要　② 自动编辑视频片段

③ 匹配背景音乐　　　④ 添加特效

A．①③④　　　　　B．①②④　　　　　C．②③④　　　　　D．①②③

6．AIGC 通过（　　　），为传统艺术形式带来了新的生命，同时也开辟了全新的艺术表达方式，使艺术创作更加多元化和个性化。

① 模仿　② 学习　③ 追溯　④ 创新

A．①③④　　　　　B．①②④　　　　　C．①②③　　　　　D．②③④

7．通过训练模型，人工智能能够从海量的数据中学习不同作品的（　　　），从而生成高质量的图像。这不仅极大地降低了创作门槛，还让非专业的用户也能轻松进行艺术创作。

① 艺术风格　② 图像特征　③ 物质水平　④ 精确能力

A．①③　　　　　B．②④　　　　　C．③④　　　　　D．①②

8．随着技术的不断优化，人工智能绘图工具在速度、质量和多样性方面都取得了显著的进步，其发展趋势主要包括（　　　）和开放性与社区合作等方面。

① 高效性与准确性　② 多功能整合

③ 数字化水平的降低　④ 用户友好性

A．①②④　　　　　B．①③④　　　　　C．①②③　　　　　D．②③④

9．Stable Diffusion 是一款开源的人工智能绘图工具，它凭借开放性和高效性这两个优势，迅速成为人工智能绘图领域的热门选择，其优势包括（　　　）。

① 高分辨率图像生成　② 强大的中文语言能力

③ 灵活的配置选项　　④ 丰富的风格和主题选择

A．②③④   B．①②③   C．①③④   D．①②④

10．Midjourney 是一款专注于艺术创作的人工智能绘图工具，也是现在主流的人工智能绘图网站之一，它的优势是（   ）。

① 极具创意的图像生成   ② 丰富的艺术风格

③ 适合艺术创作和设计   ④ 开源以及开放的使用方式

A．②③④   B．①②③   C．①②④   D．①③④

11．文心一格是由百度公司推出的人工智能艺术和创意辅助平台。在文心一格的绘画创作界面的文本框中输入描述，设置好画面（   ），就可以生成图片。

① 结构 ② 类型 ③ 比例 ④ 数量

A．①③④   B．①②④   C．②③④   D．①②③

12．稿定设计是由花瓣社区开发的人工智能绘画工具，它能够在短时间内处理复杂的图像，如（   ）等，还能实现精细到发丝级别的抠图。

① 人物图 ② 电商产品图 ③ 门店 Logo ④ 虚拟形态

A．①②③   B．②③④   C．①②④   D．①③④

13．AIGC 可以借助已有的材料库，按照用户需求辅助音乐创作、生成对应内容，在（   ）领域让大众真切感知到技术革命背后的创造力。

① 字频 ② 像素 ③ 音乐 ④ 音频

A．②④   B．①③   C．③④   D．①②

14．如今，AIGC 已经遍布 QQ 音乐的各处细节中，QQ 音乐在（   ）等多个维度进行了不少有趣的创新尝试。

① 听歌体验 ② 音符计算 ③ 社交分享 ④ 视觉呈现

A．①②④   B．①③④   C．①②③   D．②③④

15．QQ 音乐的 AI 播放器是在 AIGC 领域运用的（   ），其原理是通过向人工智能工具输入关键词，让人工智能算法组合各种元素，生成有创意的多款播放器风格供用户选择。

A．文本生成   B．语言理解   C．算法分享   D．视觉设计尝试

16．如果播放的歌曲的歌词符合用户当下的心情，不管是（   ），基于"稳定的扩散"和"迪斯科扩散"两个模型，QQ 音乐的"AI 歌词海报"功能能根据歌词一键生成对应画风的海报。

① 悠扬音乐 ② 古风音乐 ③ 流行音乐 ④ 说唱音乐

A．②③④   B．①②③   C．①②④   D．①③④

17．不同于一般的人工曲谱，QQ 音乐的智能曲谱有（   ）、常用节奏型选择和编辑等一系列功能选项。

① AB 反复 ② 原声 ③ 节拍器 ④ 透明度

A．①③④   B．①②④   C．①②③   D．②③④

18．在音乐领域，AIGC 在（   ）上都大有作为，它是继流媒体之后对音乐行业最具颠覆性的技术。

① 作画 ② 作词 ③ 作曲 ④ 人声合成

A．②③④   B．①②③   C．①②④   D．①③④

19．用户体验专家肖恩·吉雷蒂说，"能惊艳所有人的，不是你所使用的技术，而是你用技术创造的（   ）"。唯有积极拥抱新技术，才能在新浪潮中站稳脚跟。

A．善法   B．语言   C．分享   D．体验

20．AIGC 生成视频的原理主要包括（   ）以及序列生成与时空建模、微调与个性化。

① 神经网络模型 ② 训练数据 ③ 注意力机制 ④ 数据挖掘分析

A．①②③ B．②③④ C．①②④ D．①③④

【研究性学习】文生图：注册并使用 Midjourney 绘图工具

Midjourney 是一款强大的人工智能绘图工具（见图 10-14），它为用户提供了各种极具创意的绘图功能，包括文生图、图生图等。Midjourney 是一个独立的研究实验室，位于美国旧金山，也是一个小型自筹资金团队，专注于设计、人类基础设施和人工智能的绘图平台，它致力于探索新的思维方式并扩展人类的想象力。Midjourney 于 2022 年 3 月 14 日正式以架设在 Discord 上的服务器形式推出，并于 2022 年 7 月 12 日首次进行公测，用户直接注册 Discord 并加入 Midjourney 的服务器即可开始人工智能创作。

图 10-14 Midjourney 中文站官网首页

Midjourney 的创始人大卫·霍尔茨之前创立的公司是研发智能硬件传感器的，该公司于 2019 年被收购，据官网标注，该创始人还是一位国家航空航天局（National Aeronautics and Space Administration，NASA）的研究员。而人工智能绘图工具 Disco Diffusion 的创始人索姆奈在 2021 年 10 月加入了 Midjourney，并一直在社交媒体上分享画作和制作参数。除了全职人员以外，Midjourney 还有一个非常强大的技术顾问团队，包括在苹果、特斯拉、英特尔、GitHub 等有就职背景的一众"大佬"。

Midjourney 产品每隔几个月就会进行一次大的版本升级。它生成的图片分辨率高，写实风格人物主体塑形准确，细节更多且审美在线。

1. 实验目的

（1）了解文生图 LLM，熟悉 Midjourney LLM 工具的功能。

（2）对比 Midjourney 与开源文生图 LLM 的功能、性能表现，重视注册应用的必要性。

（3）体验人工智能艺术与传统艺术的不同表现力并了解它们的应用发展方向。

2. 实验内容与步骤

（1）熟悉 LLM 的提示工程与微调技术。

（2）建议注册并登录 Midjourney 网站，实际体验人工智能艺术创作。

例如，注册并登录 Midjourney 网站后，尝试输入提示词：*武松，身长八尺，仪表堂堂，浑身上下有百斤力气（小说《水浒传》形容）*。Midjourney 生成的武松形象示例如图 10-15 所示。将提示词调整成：*男子身长八尺，仪表堂堂，浑身上下有百斤力气*。Midjourney 生成的男子形象如图 10-16 所示。请对比提示词的不同及生成作品的变化。

图 10-15 Midjourney 生成的武松形象示例

图 10-16 Midjourney 生成的男子形象

（3）在网页搜索引擎中搜索"文生图"，可以找到一些文生图的开源网站，尝试用同样的方式体验开源大模型，体会和比较国内外以及闭源和开源大模型的异同及各自的进步水平。

3. 实验总结

_____

_____

_____

_____

4. 实验评价（教师）

_____

_____

_____

_____

第11章
AIGC 伦理与限制

随着人工智能不断取得突破，LLM 时代到来，一些潜在的风险和道德伦理问题也逐步显现出来。例如，人工智能在安全、隐私等方面存在一定风险："换脸"技术有可能侵犯个人隐私，信息采集不当会导致数据泄露，算法漏洞可能加剧认知偏见……这说明，人工智能及其 LLM 不仅具有技术属性，还具有明显的社会属性。唯有综合考虑经济、社会和环境等因素，才能更好地应对人工智能技术带来的机遇和挑战，推动其健康发展。

人工智能治理带来很多伦理和法律课题，打造"负责任的人工智能"的任务正变得愈发迫切和关键。而要实现该任务必须加强对人工智能发展潜在风险的研判和防范，规范人工智能的发展，确保人工智能安全、可靠、可控。要建立健全的保障人工智能健康发展的法律法规、制度体系，致力于依照"以人为本"的伦理原则推进人工智能的发展，应该将"社会责任人工智能"作为一个重要的研究方向。只有正确处理好人和机器的关系，才能更好地走向"人机混合"的智能时代。

11.1 AIGC 面临的伦理问题

华裔人工智能科学家李飞飞表示，现在迫切需要让伦理成为人工智能研究与发展的根本组成部分。显然，我们比历史上任何时候都更加需要注重技术与伦理的平衡。一方面，技术对应速度和效率，应发挥好技术的无限潜力，善用技术追求效率并创造社会和经济效益。另一方面，人性对应深度和价值，要追求人性，维护人类价值和自我实现，避免技术的发展和应用突破人类伦理底线。只有保持警醒和敬畏，在以效率为准绳的"技术算法"和以伦理为准绳的"人性算法"之间实现平衡，才能确保"科技向善"。

AIGC 面临的伦理
问题

AIGC 技术的发展和应用带来了显著的创新和便利，但同时也带来了一系列复杂的伦理问题。以下是 AIGC 所面临的几个主要伦理问题。

（1）工作与就业冲击：AIGC 技术的广泛应用可能导致某些行业和职业的人力需求减少，引发人们对失业和社会不平等的担忧。人们担心人工智能在内容创作、数据分析、客户服务等多个领域的工作岗位上取代人类。

（2）原创性与版权争议：由人工智能生成的内容在原创性认定、版权归属上存在法律空白和争议。人工智能创作的作品的版权应该归属于谁？是开发人工智能的公司、操作人工智能的用户，还是人工智能本身？这给现有的知识产权体系带来了挑战。

（3）真实性与信任危机：AIGC 技术可以生成内容高度逼真的文本、图像、音频和视频，可能被用于制造假新闻、进行深度伪造，进而影响公众舆论、误导群众，损害媒体的公信力和个人的隐私权。

（4）责任归属：当 AIGC 的行为（如传播错误信息、侵犯个人名誉权）产生负面影响时，其责任应该归属于谁？是开发者、使用者，还是维护者？这需要明确的法律框架和道德准则来进行衡量。

（5）人类智能与尊严：AIGC 技术的智能化水平提升，可能引发对人类智能价值和地位的讨论。人们担忧过度依赖人工智能会削弱人类的创造力、批判性思维能力，甚至影响人类的自我认同。

（6）算法偏见与公平性：AIGC 系统基于训练数据生成内容，如果训练数据含有偏见，生成的内容也可能带有偏见，这会加剧社会不公现象，比如性别、种族歧视等。

（7）隐私保护：AIGC 在处理个人隐私数据时，如何确保数据的安全，避免未经许可的信息泄露或滥用，是一个重要的伦理议题。

（8）社会实验伦理：利用 AIGC 进行的社会实验，尤其是涉及模拟人类行为、心理状态的实验，需要严格遵守伦理规范，防止对参与者造成伤害或侵犯其权利。

解决这些伦理问题需要跨学科合作，需要技术开发者、法律专家、伦理学家、社会科学家以及政策制定者的共同努力，通过制定合理的政策、法规和技术标准，引导 AIGC 技术健康发展，确保技术进步的同时保护人类价值和社会福祉。

11.2　数据隐私保护

数据产业面临的伦理问题包括数据主权和数据权问题、隐私权和自主权的侵犯问题、数据利用失衡问题，这些问题影响了大数据的生产、采集、存储、交易流转和开发使用全过程。

相较于传统隐私和互联网发展初期的隐私，大数据技术的广泛运用使隐私的概念和范围发生了很大的变化，呈现出数据化、价值化的新特点。隐私保护伦理问题的解决需要从责任伦理的角度出发，关注大数据技术带来的风险，倡导多元参与主体的共同努力，在遵守隐私保护的伦理准则的基础上，加强道德伦理教育和健全隐私保护的道德伦理约束机制。

▶▶▶ 11.2.1　数据主权和数据权问题

由于跨境数据流动剧增、数据经济价值凸显、个人隐私危机爆发等多方面因素，数据主权和数据权问题已成为数据和人工智能产业发展遭遇的关键问题。数据的跨境流动是不可避免的，但这给国家安全带来了威胁，数据主权问题由此产生。数据主权是指国家对其政权管辖地域内的数据享有生成、传播、管理、控制和利用的权力。数据主权是国家主权在信息化、数字化和全球化发展趋势下新的表现形式，是各国在大数据时代维护国家主权和独立，反对数据垄断和霸权主义的必然要求，是国家安全的保障。

数据权包括机构数据权和个人数据权。机构数据权是企业和其他机构对个人数据的采集权和使用权，是企业的核心竞争力。个人数据权是指个人拥有对自身数据的控制权，它是个人保护自身隐私信息不受侵犯的权利，也是个人的基本权利。个人在互联网上产生了大量的数据，这些数据与个人的隐私密切相关，个人对这些数据拥有财产权。

数据财产权是数据主权和数据权的核心内容。以大数据为主的信息技术赋予了数据财产属性。数据财产是指将数据符号固定于介质之上，具有一定的价值，能够为人们所感知和利用的一种新型财产。数据财产包含形式要素和实质要素两个部分，数据符号所依附的介质为其形式要素，数据财产所承载的有价值的信息为其实质要素。2011年，世界经济论坛将个人数据指定为"新资产类别"，数据成为一种资产，可以像商品一样被交易。

▶▶▶ 11.2.2 数据利用失衡问题

数据利用的失衡主要体现在以下两个方面。

（1）数据的利用率较低。随着网络应用的发展，每天都有海量的数据产生，全球数据规模呈指数级增长，但是，一项针对大型企业的调研结果显示，企业大数据的利用率仅在12%左右。而掌握大量数据的政府的数据的利用率更低。

（2）数字鸿沟现象日益显著。数字鸿沟束缚数据流通，导致数据利用水平较低。大数据的"政用""民用""工用"相对于它在商用领域的发展，无论是在技术、人才还是在数据规模上都有巨大差距。现阶段大数据应用较为成熟的领域是电商、电信和金融领域，在医疗、能源、教育等领域的应用则处于起步阶段。由于大数据在商用领域产生巨大利益，数据资源、社会资源、人才资源均向其倾斜。在商用领域内，优势的行业或优势的企业也往往占据了大量的大数据资源。大数据对于改善民生、辅助政府决策、提升工业信息化水平、推动社会进步可以起到巨大的作用，因此大数据的发展应该更加均衡，这样才能更符合国家大数据战略中服务经济社会发展和人民生活改善的方向。

▶▶▶ 11.2.3 构建隐私保护的伦理准则

隐私保护的伦理准则包括以下几方面。

（1）权利与义务对等。数据生产者作为数据生命周期中的坚实基础，既有为大数据技术发展提供数据源和保护个人隐私的义务，又有享受大数据技术带来的便利与利益的权利。数据搜集者作为数据生命周期的中间者，既可以享有在网络公共空间中搜集数据以得到利益的权利，又负有在数据搜集阶段保护用户隐私的义务。数据使用者作为整个数据生命周期中利益链条上游部分的主体，在享有丰厚利益的同时，也负有推进整个社会发展、造福人类和保护个人隐私的义务。

（2）自由与监管适度。主体的意志自由正在因严密的监控和隐私泄露所导致的个性化预测而受到禁锢。而个人只有在具有规则的社会中才能谈论自主、自治和自由。因此，在解决隐私保护的伦理问题时，构建一定的规则与秩序，在维护社会安全的前提下，给予公众适度的自由，是隐私保护伦理准则所必须关注的重点。所以要平衡监管与自由的砝码，让政府与企业更注重个人隐私的保护，帮助个人提高保护隐私的能力，防止个人沉迷于网络，努力做到在保持社会良好发展的同时，也不忽视公众对个人自由的诉求。

（3）诚信与公正统一。因丰厚利益的刺激和社交活动在虚拟空间的无限延展，部分互联网用户逐渐丧失对诚信基本准则的遵守，做出了一些不良举动，例如，利用黑客技术窃取用户隐私信息，通过不道德商业行为攫取更多利益等。在社会范围内建立诚信体系、营造诚信氛围，不仅有利于隐私保护伦理准则的构建，更是对个人行为、企业发展、政府建设的内在要求。

（4）创新与责任结合。在构建隐私保护的伦理准则时，可以引入"负责任创新"理念，对大数据技术的创新和设计过程进行全面的考量与评估，使大数据技术的相关信息能被公众所理解，真正将大数据技术的"创新""责任"相结合，以一种开放、包容、互动的态度来看待技术的良性发展。

▶▶▶ 11.2.4　健全隐私保护的道德伦理约束机制

健全隐私保护的道德伦理约束机制需要实现以下内容。

（1）建立完善的隐私保护道德自律机制。个人应该清楚意识到个人信息安全的重要性，做到重视自我隐私，从源头切断个人信息泄露的可能。政府、组织和企业可以通过不断创新与完善隐私保护技术的方式让所有数据行业工作者都认识到隐私保护的重要性，并在数据使用的过程中自觉采取隐私保护技术，以免出现信息泄露。企业还可以通过建立行业自律公约的方式来规范自我道德行为，以统一共识来约束自身行为。

（2）强化社会监督与道德评价功能。首先，建立由多主体参与的监督体系来实时监控、预防侵犯隐私行为的发生，这在公共事务上体现为一种社会合力，代表着社会生活中一部分人的发声，具有较强的制约力和规范力，是完善隐私保护道德伦理约束机制的重要一步。其次，健全的隐私保护的道德伦理约束机制还可以发挥道德的评价功能，让道德舆论的评价来调整社会关系，规范人们的行为。在隐私保护的道德伦理约束机制的建设过程中，运用社会伦理的道德评价，可以强化人们的道德意志，增强他们遵守道德规范的主动性与自觉性，将外在的道德规范转化为人们的自我道德观念和道德行为准则。

人工智能伦理原则

11.3　人工智能伦理原则

人工智能发展不仅是一场席卷全球的科技革命，也是一场会给人类文明带来前所未有的深远影响的社会伦理实验。在应用层面，人工智能已经开始用于解决社会问题，各种服务机器人、辅助机器人、陪伴机器人、教育机器人等社会机器人和智能应用软件应运而生，但各种伦理问题也随之产生。机器人伦理与人因工程相关，涉及人体工程学、生物学和人机交互，需要以人为中心进行机器智能设计。随着社会机器人进入家庭，在保护隐私、满足个性等方面都要以人为中心而不是以机器为中心进行设计。过度依赖社会机器人将带来一系列的家庭伦理问题。为了避免人工智能以机器为中心，需要法律和伦理研究参与其设计，而相关伦理与哲学研究也要对人工智能技术有必要的了解。

▶▶▶ 11.3.1　职业伦理准则的目标

人工智能的职业伦理准则需要达到下列目标：
（1）为防止人工智能技术的滥用划定红线；
（2）提高职业人员的责任心和职业道德水准；
（3）确保算法系统的安全可靠；
（4）使算法系统的可解释性成为未来引导设计的一个基本方向；
（5）使伦理准则成为人工智能从业者的工作基础；
（6）提升职业人员的职业抱负和理想。
人工智能的职业伦理准则至少应包括下列几个方面：
（1）确保人工智能更好地造福于社会；

（2）在强化人类中心主义的同时，达到走出人类中心主义的目标，形成双向互进关系；

（3）避免人工智能对人类造成任何伤害；

（4）确保智能体位于人类可控范围之内；

（5）提升人工智能的可信性；

（6）确保人工智能的可问责性和透明性；

（7）维护公平；

（8）尊重隐私、谨慎应用；

（9）提高职业技能与提升道德修养并行发展。

▶▶▶ 11.3.2　创新发展道德伦理宣言

2018 年 7 月 11 日，人工智能产业创新联盟发布了《人工智能创新发展道德伦理宣言》（简称《宣言》）。《宣言》除了序言之外，一共有 6 个部分，分别是人工智能系统、人工智能与人类的关系、人工智能具体接触人员的道德伦理要求，以及人工智能的应用和当前发展人工智能的方向，最后是附则。

发布《宣言》是为了宣扬涉及人工智能创新、应用和发展的基本准则，以期无论何种身份的人都能经常铭记本宣言精神，理解并尊重发展人工智能的初衷，使其传达的价值与理念得到普遍认可与遵行。

《宣言》指出：

（1）鉴于全人类固有道德、伦理、尊严及人格之权利，创新、应用和发展人工智能技术当以此为根本基础；

（2）鉴于人类社会发展的最高阶段为人类解放和人的自由全面发展，人工智能技术研发当以此为最终依归，进而促进全人类福祉；

（3）鉴于人工智能技术对人类社会既有观念、秩序和自由意志的挑战巨大，且发展前景充满未知，对人工智能技术的创新应当设置倡导性与禁止性的规则，这些规则本身应当凝聚不同文明背景下人群的基本价值共识；

（4）鉴于人工智能技术具有把人类从繁重体力和脑力劳动束缚中解放的潜力，纵然未来的探索道路上出现曲折与反复，也不应停止人工智能创新发展造福人类的步伐。

建设人工智能系统，要坚持以下原则。

（1）人工智能系统基础数据应当秉持公平性与客观性，摒弃带有偏见的数据和算法，以杜绝可能的歧视性结果。

（2）人工智能系统的数据采集和使用应当尊重隐私权等一系列人格权利，以维护权利所承载的人格利益。

（3）人工智能系统应当有相应的技术风险评估机制，保持对系统潜在危险的前瞻性控制能力。

（4）人工智能系统所具有的自主意识程度应当受到科学技术水平和道德、伦理、法律等人文价值的共同评价。

为明确人工智能与人类的关系，《宣言》指出以下内容。

（1）人工智能的发展应当始终以造福人类为宗旨。牢记这一宗旨，是防止人工智能的巨大优势转为人类生存发展巨大威胁的关键所在。

（2）无论人工智能的自主意识能力进化到何种阶段，都不能改变其由人类创造的事实。不能将人工智能的自主意识等同于人类特有的自由意志，模糊这两者之间的差别可能抹杀人类自身特有的人权属性与价值。

（3）当人工智能的设定初衷与人类整体利益或个人合法利益相悖时，人工智能应当无条件停止或暂停工作进程，以保证人类整体利益的优先性。

《宣言》指出，人工智能具体接触人员的道德伦理要求如下。

（1）人工智能具体接触人员是指居于主导地位、可以直接操纵或影响人工智能系统和技术，使之按照预设产生某种具体功效的人员，包括但不限于人工智能的研发人员和使用者。

（2）人工智能的研发者自身应当具备正确的伦理道德意识，同时将这种意识贯彻于研发全过程，确保其塑造的人工智能自主意识符合人类社会主流道德伦理要求。

（3）人工智能产品的使用者应当遵循产品的既有使用准则，除非出于改善产品本身性能的目的，否则不得擅自变动、篡改原有的设置，使之背离创新、应用和发展初衷，以致于破坏人类文明及社会和谐。

（4）人工智能的具体接触人员可以根据自身经验，阐述其对人工智能产品与技术的认识。此种阐述应当本着诚实信用的原则，保持理性与客观，不得诱导公众的盲目热情或故意加剧公众的恐慌情绪。

针对人工智能的应用，《宣言》指出以下方面。

（1）人工智能发展迅速，但也伴随着各种不确定性。在没有确定完善的技术保障之前，在某些失误成本过于沉重的领域，人工智能的应用和推广应当审慎而科学。

（2）人工智能可以为决策提供辅助。但是人工智能本身不能成为决策的主体，特别是在国家公共事务领域，人工智能不能行使国家公权力。

（3）人工智能的优势使其在军事领域存在巨大应用潜力。出于对人类整体福祉的考虑，应当本着人道主义精神，克制在进攻端武器运用人工智能的冲动。

（4）人工智能不应成为侵犯合法权益的工具，任何运用人工智能从事犯罪活动的行为，都应当受到法律的制裁和道义的谴责。

（5）人工智能的应用可以解放人类在脑力和体力层面的部分束缚，在条件成熟时，应当鼓励人工智能在相应领域发挥帮助人类自由发展的作用。

《宣言》指出，当前发展人工智能的方向主要如下。

（1）探索产、学、研、用、政、金合作机制，推动人工智能核心技术创新与产业发展。特别是推动上述各方资源结合，建立长期和深层次的合作机制，针对人工智能领域的关键核心技术难题开展联合攻关。

（2）制定人工智能产业发展标准，推动人工智能产业协同发展。推动人工智能产业从数据规范、应用接口以及性能检测等方面的标准体系制定，为消费者提供更好的服务与体验。

（3）打造共性技术支撑平台，构建人工智能产业生态。推动人工智能领域龙头企业牵头建设平台，为人工智能在社会生活各个领域的创业创新者提供更好支持。

（4）健全人工智能法律法规体系。通过不断完善人工智能相关法律法规，在拓展人类人工智能应用能力的同时，避免人工智能对社会和谐的冲击，寻求人工智能技术创新、产业发展与道德伦理的平衡点。

人工智能的发展在深度与广度上都是难以预测的。根据新的发展形势，对《宣言》的任何修改都不能违反人类的道德伦理法律准则，不得损害人类的尊严和整体福祉。

▶▶▶ 11.3.3 可信赖的人工智能伦理准则

2019 年，欧盟人工智能高级别专家组正式发布了"可信赖的人工智能伦理准则"。根据该准则，可信赖的人工智能应该是：

（1）合法——尊重所有适用的法律法规；

（2）合乎伦理——尊重伦理原则和价值观；

（3）稳健——既从技术角度考虑，又从社会环境角度考虑。

该准则提出了未来人工智能系统应满足的七大原则，以便系统被认为是可信赖的，并给出一份具体的评估清单，旨在协助核实每项要求的适用情况。

（1）人类代理和监督：人工智能不应该践踏人类的自主性。人类不应该被人工智能系统所操纵或胁迫，应该能够干预或监督软件所做的每一个决定。

（2）技术稳健性和安全性：人工智能应该是安全而准确的，它不应该轻易受到外部攻击（例如对抗性例子）的破坏，并且应该是相当可靠的。

（3）隐私和数据管理：人工智能系统收集的个人数据应该是安全的，并且能够保护个人隐私。隐私和数据不应该被任何人访问，也不应该轻易被盗。

（4）透明度：用于创建人工智能系统的数据和算法应该是可访问的，软件所做的决定应该"为人类所理解和追踪"。换句话说，操作者应该能够解释他们的人工智能系统所做的决定。

（5）多样性、无歧视、公平：人工智能应向所有人提供服务，不分年龄、性别、种族或其他特征。同样，人工智能系统不应在这些方面有偏见。

（6）环境和社会福祉：人工智能系统应该是可持续的（即它们应该对生态负责），并能"促进积极的社会变革"。

（7）问责制：人工智能系统应该是可审计的，并由现有的企业告密者保护机制覆盖。系统的负面影响应事先得到承认和报告。

这些原则中有些条款的措辞比较抽象，很难从客观意义上进行评估。该准则不具有法律约束力，但可以影响欧盟起草的任何未来立法。欧盟发布的报告还包括一份"可信赖人工智能评估列表"，它可以帮助专家找出人工智能软件中的任何潜在弱点或危险。此列表包括以下问题："你是否验证了系统在意外情况和环境中的行为方式？"以及"你评估了数据集中数据的类型和范围了吗？"该准则"为人工智能的道德和责任制定了全球标准。"

11.4　LLM 的知识产权保护

人工智能的技术发展与知识产权归属的边界正变得日益模糊。通过大量公开数据进行训练，从而让模型学习并具有生成产物的能力，这就是 GAI 的构建方式。这些数据包括文字、画作和代码等，模型正是从海量的数据中获得了生成同类产物的能力。随着 GAI 的快速崛起，它在重塑行业、赋能人类工作和生活的同时，也引发了版权制度层面的一系列新的挑战。

▶▶▶ 11.4.1　LLM 的诉讼案例

Midjourney 是一款强大的人工智能绘图工具，它为用户提供了各种创意的绘图功能，可以用于进行文生图或图生图（见图 11-1）。尽管 Midjourney 面临严重的版权问题，但其创始人大卫·霍尔茨针对人工智能对创意工作的影响有自己的看法，他强调 Midjourney 的目标是拓展人类的想象力，帮助用户快速产生创意，为专业用户提供概念设计的支持，而不是取代艺术家。他认为人工智能技术的发展将促使市场朝着更高质量、更有创意、更多样化和更有深度的内容方向发展。

　　人工智能技术的出现对那些雄心勃勃的艺术家的未来影响仍有待观察，但艺术工作本身是有趣的，人工智能技术应该致力于让人们自由发展更有回报、更有趣的工作，而不是取代艺术家的创作过程。

图 11-1　Midjourney 生成作品

　　艺术家是否愿意将作品纳入人工智能训练模型、是否会对版权问题产生担忧等议题值得人们深入思考。尊重艺术家的创作意愿、维护版权法律，是保障艺术创作多样性和质量的重要途径。虽然人工智能技术的发展，可能会对艺术创作带来新的影响和挑战，但是通过合理规范和监管，人工智能技术可以更好地服务于艺术创作和创作者，实现技术与人文的和谐共生。

　　在艺术创作领域，人工智能技术作为一种辅助工具，有助于提高创作效率和创意产出，但无法替代艺术家的独特创作能力和灵感。对艺术家来说，运用人工智能技术创作出更具深度和独特性的作品，从而实现艺术创作与科技创新的有机结合十分关键。

　　对 Midjourney 未来的发展方向也需要进行更多的思考和探讨，以确保人工智能技术的应用能够更好地服务于艺术创作和创作者，促进艺术的多样性和创新性。

　　（1）"训练"类技术的首次法律诉讼。

　　2022 年 11 月 3 日和 10 日，程序员兼律师马修·巴特里克等人向美国加州北区联邦地区法院递交了一份集体诉讼起诉书，指控 OpenAI 和微软使用他们贡献的代码训练人工智能编程工具 Copilot 及 Codex，要求法院批准 90 亿美元（约 649 亿元人民币）的法定损害赔偿金。根据集体诉讼文件，每当 Copilot 提供非法输出，它就违反美国《数字千年版权法》第 1202 条 3 次，即没有 ① 注明出处、② 版权通知、③ 许可条款的许可材料。因为这两个工具将 GitHub 上的开源软件用于训练并输出，但并未按照要求进行致谢、发布版权声明和附上许可证，甚至出现了标识错误，违反了上千万软件开发者的许可协议。原告进一步指称被告将其敏感个人数据一并纳入 Copilot 中向他人提供，构成违反开源许可证、欺诈、违反 GitHub 服务条款隐私政策等。

巴特里克强调："我们反对的绝不是人工智能辅助编程工具，而是微软在 Copilot 当中的种种具体行径。微软完全可以把 Copilot 做得更对开发者友好——比如邀请大家自愿参加，或者由编程人员有偿对训练语料库做出贡献。但截至目前，口口声声自称热爱开源的微软根本没做过这方面的尝试。另外，如果大家觉得 Copilot 效果挺好，那主要也是因为底层开源训练数据的质量过硬。Copilot 其实是在从开源项目那边吞噬能量，而一旦开源活力枯竭，Copilot 也将失去发展的依凭。"

（2）人工智能绘画工具被指控抄袭。

2023 年 1 月 17 日，图片提供商华盖创意起诉人工智能绘画工具 Stable Diffusion 的开发者 Stability AI，称其侵犯了版权。1995 年成立的华盖创意首创并引领了独特的在线授权模式——在线提供数字媒体管理工具以及创意类图片、编辑类图片、影视素材和音乐产品。华盖创意称 Stability AI 在未经许可的情况下，从其网站上窃取了数百万张图片来训练自己的模型。华盖创意认为使用他人的知识产权，为自己的经济利益服务，不是公平交易，所以它采取行动保护公司和艺术家的知识产权。

2023 年 1 月 16 日，莎拉·安德森、凯莉·麦克南和卡拉·奥尔蒂斯 3 名艺术家对 Stability AI、人工智能绘画工具 Midjourney 以及艺术家作品集平台 DeviantArt 提出诉讼，称这些组织"在未经原作者同意的情况下"使用从网络上获取的 50 亿张图像来训练其人工智能，侵犯了"数百万艺术家"的权利。负责这个案件的律师正是诉讼 OpenAI 和微软的马修·巴特里克，他描述此案为"为每一个人创造公平的环境和市场的第一步"。不过，一审法官驳回了大部分上述诉求，但颁布了法庭许可，允许原告在调整、补充起诉事由和证据材料后另行起诉。

Midjourney 则认为："没有经过授权，我们也没办法一一排查上亿张训练图像分别来自哪里。如果再向其中添加关于版权所有者等内容的元数据，那也太麻烦了。但这不是什么大事，毕竟网络上也没有相应的注册表，我们做不到在互联网上找一张图片，然后轻松跟踪它到底归谁所有，再采取措施来验证身份。"

（3）看不见的幽灵与看得见的恐慌。

一位名为 Ghostwriter977 的网友用 Drake 和 The Weeknd 的声音对人工智能模型进行训练，同时模仿两人的音乐风格，最终生成并发布歌曲《我袖子上的心》。该歌曲在不到两天的时间里，实现了"病毒式的传播"：在 Spotify 上播放量超 60 万次，在 TikTok 上点击量超 1500 万次，完整版在 YouTube 平台上播放超 27.5 万次。值得注意的是，即便发布者并未在演唱信息中提及 Drake 和 The Weeknd，但该歌曲依然火了。对很多人来说，这是人工智能音乐的第一首出圈之作，这是 GAI 进行创作的开始，也是环球音乐加速干预 AIGC 问题的标志。这首歌曲的"走红"很快引起环球音乐的注意。作为 Drake 和 The Weeknd 的幕后唱片公司，环球音乐对外发表言辞激烈的声明，它声称："使用我们旗下的艺术家对人工智能生成内容进行训练，这既违反了协议，也违反了版权法。"在环球音乐的投诉下，这首歌曲先从 Spotify 和 Apple Music 下架，紧随其后，其他机构也撤下了该歌曲。环球音乐指出，在流媒体平台上人工智能生成内容的可用性引发了一个问题，即音乐行业生态中的所有利益相关者到底希望站在历史的哪一边，"是站在艺术家、粉丝和人类创造性表达这一边，还是站在深度伪造、欺诈和剥夺艺术应得补偿这一边。"很显然，在忍耐的极限后，业内"巨头"开启了对人工智能音乐的抵抗，环球音乐发函要求Spotify等音乐流媒体平台切断人工智能公司的访问权限，以阻止其版权歌曲被用于训练模型和生成音乐。

（4）ChatGPT屡屡惹官司。

2023年2月15日，《华尔街日报》记者弗朗西斯科·马可尼公开指控OpenAI公司未经授权大量使用路透社、《纽约时报》、《卫报》、BBC等国外主流媒体的文章训练ChatGPT模型，但从未支付任何费用。

2023年6月28日，第一起具有代表性的ChatGPT侵权诉讼出现在公众视野中。两名畅销书作家保罗·特伦布莱和莫娜·阿瓦德在美国加州北区联邦地区法院，向OpenAI提起集体诉讼，指控后者未经授权也未声明，利用自身享有版权的图书训练ChatGPT，谋取商业利益。同月，16名匿名人士向美国加州北区联邦地区法院提起诉讼，指控ChatGPT在没有充分通知用户或获得同意的情况下，收集、存储、跟踪、共享和披露了他们的个人信息。他们称受害者可能多达数百万人，据此要求微软和OpenAI赔偿30亿美元。

2023年7月10日，美国喜剧演员和作家萨拉·希弗曼以及另外两名作家理查德·卡德雷、克里斯托弗·戈尔登在美国加州北区联邦地区法院起诉OpenAI，指控ChatGPT所用的训练数据侵犯版权。同年9月19日，美国作家协会以及包括《权力的游戏》原著作者乔治·R·R·马丁在内的17位美国作家向美国纽约联邦法院提起诉讼，指控OpenAI"大规模、系统性盗窃"，称OpenAI在未经授权的情况下使用原告作家享有版权的作品训练其LLM，公然侵犯了作家们登记在册的版权。同年12月，含多名普利策奖得主在内的11位美国作家，在美国曼哈顿联邦法院起诉OpenAI和微软滥用自己作品训练LLM，指出这样的行为无疑是在"刮取"作家们的作品和其他受版权保护的材料，他们希望获得经济赔偿，并要求这些公司停止侵犯作家们的版权。

2023年12月27日，《纽约时报》向美国曼哈顿联邦法院提起诉讼，指控OpenAI和微软未经许可使用该报数百万篇文章训练机器人。《纽约时报》要求获得损害赔偿，还要求永久禁止被告从事所述的非法、不公平和侵权行为，删除包含《纽约时报》作品原理的训练集等。虽然《纽约时报》并未提出具体的赔偿金额要求，但其指出被告应为"非法复制和使用《纽约时报》独特且有价值的作品"和与之相关的"价值数十亿美元的法定和实际损失"负责。作为回应，当地时间2024年1月4日，OpenAI知识产权和内容首席汤姆·鲁宾在采访中表示，公司近期与数十家出版商展开了有关许可协议的谈判——"我们正处于多场谈判中，正在与多家出版商进行讨论。他们十分活跃积极，这些谈判进展良好。"据两名近期与OpenAI进行谈判的媒体公司高管透露，为了获得将新闻文章用于训练其LLM的许可，OpenAI愿意向部分媒体公司缴纳每年100万至500万美元的费用。虽然对于一些出版商来说，这是一个很小的数字，但如果媒体公司数量足够多，对OpenAI而言必然是一次"大出血"。

（5）Meta承认使用盗版图书训练LLM，但否认侵权。

2023年7月10日，莎拉等3人起诉OpenAI的同时也起诉了Meta公司，指控其侵犯版权，使用包含大量盗版图书的Books3数据集训练Llama系列LLM。公开资料显示，创建于2020年的Books3是一个包含19.5万本图书、总容量达37GB的文本数据集，旨在为改进机器学习算法提供更好的数据源，但其中包含大量从盗版网站Bibliotik爬取的受版权保护的作品。对此，

Meta 方面承认其使用 Books3 数据集的部分内容来训练 Llama1 和 Llama2，但否认了侵权行为。对此，Meta 方面表示，其使用 Books3 数据集训练 LLM 属于合理使用范畴，无须获得许可、署名或支付补偿。同时 Meta 方面还对该诉讼作为集体诉讼的合法性提出异议，并拒绝向提起诉讼的作家或其他参与 Books3 争议的人士提供任何形式的经济补偿。

▶▶▶ 11.4.2　尊重隐私、保障安全、促进开放

LLM 运行需要利用海量的文本语料进行学习，而在这个过程中，LLM 使用的是无监督学习方式进行预训练。用于 LLM 训练的这些文本来自互联网的各个角落，包括但不限于图书、文章、百科、新闻、博客等，凡是互联网上可以找到的信息，几乎都在 LLM 的学习之列。因此，即便科研人员会对文本语料进行数据清洗，但其中仍有可能包含个人隐私信息。

不论是语言模型还是图像生成模型，LLM 都会记住训练所使用的样本，可能会在无意中泄露敏感信息。因此，有研究者认为，当前的隐私保护技术（如数据去重和差分隐私）对隐私的理解可能与人们对隐私的普遍理解并不完全一致。所以，应该在微调阶段纳入更严格的保障措施，以加强对于数据隐私的保护。

专家们明确了 LLM 存在隐私风险的 3 个方面：互联网数据训练、用户数据收集和生成内容中的无意泄露。首先需要确保公共数据不具有个人可识别性，并将公共数据与私人或敏感数据明确区分开来。未来应重点关注算法的透明度和对个人信息主体的潜在伤害问题。

隐私保护和 LLM 效用之间存在着一个两难的矛盾——既要最大限度地保护数据隐私，又要最大限度地发挥模型的功效。人们需要通过协作开发一个统一、可信的框架，从而在隐私保护、模型效用和训练效率之间取得一种平衡。

有研究者强调，在 LLM 开发过程中面临的数据隐私问题上，要确保遵守现行法律法规的规定，并充分评估隐私数据的使用对个人信息主体的影响，采取有效措施防止可能带来的负面影响。另外，在确保透明性的基础上，鼓励个人信息主体同意分享隐私数据，共同面对全球重大问题，以确保负责任地开发和安全地利用人工智能，进而带来更加广泛的社会效益。

▶▶▶ 11.4.3　边缘群体的数字平等

当 LLM 在技术和社会中扮演起越来越关键的角色时，它能否承担起相应的责任？如何促进负责任的人工智能进步并确保其价值观与人类价值观相一致？这些宏观的问题十分棘手，但也亟待解决，因为一旦 LLM 遭到滥用，其强大的效用和能力有可能反过来损害社会的利益。负责任的人工智能需要技术和社会学两方面的策略双管齐下，而且有必要将 LLM 与多样化、个性化以及特定文化的人类价值观结合起来并达到一致。这其中需要重点关注的是对于边缘群体（尤其是残障人士）的数字平等问题。人工智能技术可能产生歧视和错误陈述，导致对残障人士的歧视被制度化。因此，人工智能开发者必须注意不要让残障人士与人工智能产生角色和利益上的冲突，开发者有责任去主动对抗那些有偏见的态度，倡导平等参与，提高平等意识。

【作业】

1. 人工智能及其 LLM 不仅具有技术属性，还具有明显的社会属性。唯有综合考虑（　　　　）等因素，才能更好地应对人工智能技术带来的机遇和挑战，推动其健康发展。

① 个体　　② 经济　　③ 社会　　④ 环境

　　A．②③④　　　　B．①②③　　　　C．①③④　　　　D．①②④

2．人工智能治理带来很多伦理和法律课题，打造"（　　）人工智能"的任务正变得愈发迫切和关键。

　　A．专业有效　　　　B．更灵活的　　　　C．更强大的　　　　D．负责任的

3．显然，我们比历史上任何时候都更加需要注重（　　）的平衡。我们一方面应发挥好技术的无限潜力，善用技术追求效率；另一方面要维护人类价值和自我实现，确保"科技向善"。

　　A．成本与效益　　　B．技术与伦理　　　C．定势和短板　　　D．理论与实践

4．人类的思维具有一定的（　　），强制性地模拟人脑思维的方式，并不是人工智能发展的良好选择。

　　A．成本与效益　　　B．技术与伦理　　　C．定势和短板　　　D．理论与实践

5．数据产业面临的伦理问题主要包括（　　），这些问题影响了大数据生产、采集、存储、交易流转和开发使用全过程。

① 数据主权和数据权问题　　② 隐私权和自主权的侵犯问题

③ 数据利用失衡问题　　　　④ 不同国别大数据的不同存储容量

　　A．①②③　　　　B．②③④　　　　C．①②④　　　　D．①③④

6．（　　）是指国家对其政权管辖地域内的数据享有生成、传播、管理、控制和利用的权力。

　　A．数据财产权　　　B．机构数据权　　　C．数据主权　　　D．个人数据权

7．（　　）是企业和其他机构对个人数据的采集权和使用权。

　　A．数据财产权　　　B．机构数据权　　　C．数据主权　　　D．个人数据权

8．（　　）是指个人拥有对自身数据的控制权，它是个人保护自身隐私信息不受侵犯的权利。

　　A．数据财产权　　　B．机构数据权　　　C．数据主权　　　D．个人数据权

9．（　　）是数据主权和数据权的核心内容。以大数据为主的信息技术赋予了数据财产属性。

　　A．数据财产权　　　B．机构数据权　　　C．数据主权　　　D．个人数据权

10．隐私保护伦理问题的解决需要从（　　）的角度出发，关注大数据技术带来的风险，倡导多元参与主体的共同努力，在遵守隐私保护的伦理准则的基础上，加强道德伦理教育和健全隐私保护的道德伦理约束机制。

　　A．伦理哲学　　　　B．数字伦理　　　　C．责任伦理　　　　D．技术伦理

11．隐私保护的伦理准则包括：权利与义务对等，（　　）。相较于传统隐私和互联网发展初期的隐私，大数据技术的广泛运用使隐私的概念和范围发生了很大的变化。

① 自由与监管适度　　② 学术与产业并举

③ 诚信与公正统一　　④ 创新与责任结合

　　A．②③④　　　　B．①②③　　　　C．①②④　　　　D．①③④

12．人工智能的发展在深度与广度上都是难以预测的。但是，无论人工智能的（　　）能力进化到何种阶段，都不能改变其由人类创造的事实。

　　A．技术开发　　　　B．自主意识　　　　C．知识产生　　　　D．深度学习

13．随着生成式人工智能的快速崛起，它在重塑行业、赋能人类工作和生活的同时，也引发了（　　）层面的一系列新的挑战。

　　A．经济利益　　　　B．物权归属　　　　C．版权制度　　　　D．人事制度

14．Midjourney 是一款强大的人工智能绘图工具。其创始人大卫·霍尔茨针对人工智能对创意工作的影响有自己的看法，他强调 Midjourney 的目标是（　　）。

① 取代人类艺术家　　　② 拓展人类的想象力
③ 帮助用户快速产生创意　④ 为专业用户提供概念设计的支持

A．②③④　　　　　B．①②③　　　　　C．①②④　　　　　D．①③④

15．艺术工作本身是有趣的。人工智能技术应该致力于让人们自由发展（　　）的工作。通过合理规范和监管，人工智能技术可以实现技术与人文的和谐共生。

① 更有回报　② 更复杂　③ 更有趣　④ 高深

A．③④　　　　　B．①②　　　　　C．②④　　　　　D．①③

16．创建于 2020 年的（　　）是一个包含 19.5 万本图书、总容量达 37GB 的文本数据集，旨在为改进机器学习算法提供更好的数据源，但其中包含大量从盗版网站 Bibliotik 爬取的受版权保护的作品。

A．Books5　　　　B．开源书局　　　　C．Books3　　　　D．百度书吧

17．LLM 运行需要利用海量的文本语料进行学习，而用于 LLM 训练的文本来自互联网的各个角落，即便科研人员会对文本语料进行数据清洗，但其中仍有可能包含（　　）信息。

A．个人隐私　　　　B．产品价格　　　　C．程序代码　　　　D．国家安全

18．专家们明确了 LLM 存在隐私风险的（　　）3 个方面。未来应重点关注算法的透明度和对个人信息主体的潜在伤害问题。

① 互联网数据训练　　　② 用户数据收集
③ 生成内容中的无意泄露　④ LLM 技术的生成方式

A．①③④　　　　B．①②④　　　　C．②③④　　　　D．①②③

19．当 LLM 在技术和社会中扮演起越来越关键的角色时，需要重点关注的是对于边缘群体的（　　）问题。人工智能技术可能产生歧视和错误陈述，导致对残障人士的歧视被制度化。

A．经济利益　　　　B．知识获取　　　　C．数字平等　　　　D．文化差异

20．人工智能开发者必须注意不要让（　　）与人工智能产生角色和利益上的冲突，开发者有责任去主动对抗那些有偏见的态度，倡导平等参与，提高平等意识。

A．社会团体　　　　B．残障人士　　　　C．生产环境　　　　D．文化差异

【研究性学习】人工智能独立完成的视觉艺术品无法获得版权

　　一家联邦法院裁定，完全由人工智能系统创作的作品在美国法律下无法获得版权。此案是基于一个相对狭窄的问题做出的决定，并为未来的决定在这个法律新领域进行拓展留下了空间。

　　据报道，视觉艺术品《最近的天堂入口》（见图 11-2）是由"创造力机器"人工智能系统运行算法"自主创建的"，原告试图向版权办公室注册该作品。然而，版权办公室以版权法仅适用于由人类创作的作品为理由拒绝了申请。此后，美国哥伦比亚特区联邦地区法院法官贝丽尔·豪厄尔裁定，版权办公室拒绝申请是正确的，因为"人类创作是有效版权主张的重要组成部分"。

1. 实验目的

（1）了解版权与知识产权的定义，了解我国法律体系中关于类似知识产权的规定。

（2）熟悉应用 GAI 工具开展创作的法律保护尺度。

（3）思考 GAI 工具对于"创新"的推动意义。

2. 实验内容与步骤

请仔细阅读本章内容，熟悉技术伦理与限制的相关知识，在此基础上完成以下实验内容。

请记录：

（1）请欣赏作品《最近的天堂入口》（见图 11-2），如果可能，请了解其他人对于这个作品的感受。你对这个作品的看法是：

☐ 优秀，意境深远　　☐ 平常，意境浅薄　　☐ 无聊，不知所云

图 11-2　100%由人工智能生成的作品《最近的天堂入口》

（2）请通过网络，进一步了解关于该案例的法院判决理由。你理解的法院判决的核心内容是：

答：_____

_____

（3）你认为"新类型作品属于版权范围的关键因素"是什么？

答：_____

_____

（4）请尝试思考：在完全没有人类角色参与的条件下，人工智能明显"自主"创作作品时会发生什么？你认为，完全人工智能创作存在"自主意识"吗？

答：_____

_____

_____

3. 实验总结

_____
_____
_____
_____

4. 实验评价（教师）

_____
_____
_____
_____

第 12 章
面向 AGI

迈向 AGI 的道路充满了挑战与希望。

作为人工智能的一个子集，GAI 利用神经网络算法分析和识别训练数据中的模式和结构，利用这种理解生成新的内容，包括文本、图像、视频、音频、代码、设计或其他形式的内容，既模仿人类的创作，又扩展训练数据的模式。

AGI 是一种理论上的智能形态，它能够执行任何智力任务，其能力的广度和深度可与人类智能的相媲美。AGI 不限于特定任务或领域，而是具备广泛的理解、学习、推理、适应、创新和自我意识等能力。

从 GAI、AIGC 到 AGI，不仅是技术层面的进步，更是对智能本质、人类价值观和社会秩序的深刻探索和重新定义。这是一场科技革命，也是对未来的深刻思考和准备。

12.1 GAI 的层次

为了更全面地了解 GAI 领域，分析 GAI 技术的价值链，考虑将其分为 4 个相互关联的层，即应用层、平台层、模型层和基础设施层，它们共同创造新内容，其中每一层在整个过程中都发挥着独特作用。

GAI 的层次

12.1.1 应用层

GAI 的应用层通过允许动态创建内容来使用专门的算法实现简化人类与人工智能的交互的目的。这些算法提供了定制和自动化的企业对企业（Business-to-Business，B2B）和企业对消费者（Business-to-Consumer，B2C）应用程序和服务，使得用户无须直接访问底层基础模型。这些应用程序和服务的开发工作可以由基础模型的所有者（例如 ChatGPT 的所有者 OpenAI）和包含 GAI 模型的第三方软件公司（例如 JasperAI）来承担。

GAI 的应用层由通用应用程序、特定领域应用程序和集成应用程序 3 个不同子组组成。

（1）通用应用程序：包括旨在执行广泛任务的软件，用于以各种形式生成新内容。主要示例包括 ChatGPT、DALL·E 2、GitHub Copilot、Character AI（一种聊天机器人服务，允许用户创建人工智能角色并与之交谈）和 Jasper AI（一种人工智能驱动的写作工具）。

（2）特定领域应用程序：为满足特定领域（如金融、医疗保健、制造和教育等领域）的特定需求和要求而量身定制的软件解决方案。这些应用程序在相应领域中更加专业化且响应更快，特别是当公司对它们进行高质量、独特和专有数据的培训时。主要示例包括金融数据分析的 BloombergGPT 以及谷歌的接受医疗数据训练以回答医疗查询的 Med-PaLM 2。

（3）集成应用程序：由现有软件解决方案组成，其中融入了 GAI 功能以增强其主流产品。主要示例包括 Copilot for Microsoft 365（适用于各种微软产品的人工智能驱动助手）、Salesforce 的 Einstein GPT（面向 GAI CRM 技术）以及 Adobe 与 Photoshop 的 GAI 集成。

▶▶▶ 12.1.2　平台层

GAI 的平台层主要致力于通过托管服务提供对 LLM 的访问。这项服务简化了通用预训练基础模型（如 OpenAI 的 GPT）的微调和定制过程。尽管领先的 LLM（如 GPT-4）可以仅使用其经过训练的锁定数据集立即回答大多数问题，但通过微调，可以显著提升这些 LLM 在特定内容领域的能力。

微调涉及解锁现有 LLM 的神经网络，使用新数据进行额外的训练。最终用户或公司可以将其专有数据或客户特定的数据无缝集成到 LLM 中，以用于定向应用。

平台层的最终目标是简化 LLM 的使用，降低最终用户或公司的相关成本。利用平台层能够消除独立从零开始开发 LLM 的必要性，从而无须投资数十亿美元和耗费数年的时间。用户可以支付月度订阅费用以使用 LLM 或将其捆绑到基础设施即服务（Infrastructure as a Service，IaaS）的提供中。与此同时，用户还可以访问诸如安全性、隐私性和各种平台工具等有价值的功能，所有功能都以一种简化的方式进行管理。

▶▶▶ 12.1.3　模型层

GAI 的模型层用于启动基础模型。这种大规模机器学习模型通常使用 Transformer 算法对未标记数据进行训练。训练和微调过程使基础模型能够发展成为一种多功能工具，可以适应各种任务，以支持各种 GAI 应用程序的功能。

基础模型可以大致分为两大类：闭源（或专有）基础模型和开源基础模型。

（1）闭源基础模型。这些模型由 OpenAI 等特定组织拥有和控制，底层源代码、算法、训练数据和参数均保密。

闭源（或专有）基础模型可通过 API 向公众开放。第三方可以在其应用程序中使用此 API，查询和呈现基础模型中的信息，而无须在训练、微调或运行模型上消耗额外的资源。这些模型通常可以访问专有的训练数据，并可以优先访问云计算资源。大型云计算公司通常会创建闭源基础模型，因为训练这些模型需要大量投资。利用闭源基础模型可通过向客户收取 API 使用费用或基于订阅的访问费用来获得收入。

OpenAI 的 GPT-4 和谷歌的 PaLM 2 等 LLM 是专注于 NLP 的特定闭源基础模型。它们针对聊天机器人等应用程序进行了微调，例如 ChatGPT 和 Gemini。一个非语言的例子是 OpenAI 的 DALL·E 2，这是一种识别和生成图像的视觉模型。

（2）开源基础模型。相比之下，每个人都可以不受限制地访问开源基础模型。它们鼓励社区协作和开发，允许透明地检查和修改代码。开源基础模型是协作开发的。它们可以免费重新分发和修改，从而提高训练数据和模型构建过程的完全透明度。

使用开源基础模型的好处如下。

（1）对数据的完全控制和隐私保护。

（2）通过特定提示、微调和过滤改进定制，以针对各个行业进行优化。

（3）具有成本效益的特定领域模型的训练和推理（较小的模型需要较少的计算）。

开源基础模型的例子包括 Meta 的 Llama 2、Databricks 的 Dolly 2.0、Stability AI 的 Stable Diffusion XL 以及 Cerebras-GPT。

12.1.4 基础设施层

GAI 的基础设施层包含大规模基础模型的重要组成部分。这层涉及的关键资源是半导体、网络、存储、数据库和云服务，所有这些资源在 GAI 模型的初始训练和持续的微调、定制和推理中都发挥着至关重要的作用。GAI 模型通过以下两个主要阶段发挥作用。

（1）训练阶段：这是学习发生的阶段，通常在云数据中心的加速计算集群中进行。在这个计算密集型阶段，LLM 从给定的数据集中学习。其中，参数是模型调整以表示训练数据中潜在模式的内部变量；词元指的是模型处理的文本的个体部分，如单词或子词。例如，GPT-3 是在 3000 亿个词元上进行训练的，其中一个词元约等于 1.33 个单词，主要来自互联网内容、图书和文章。

（2）推断阶段：这是使用经过训练的人工智能模型生成用户响应的过程。在这个阶段中，新的文本输入被标记为单独的单位，模型使用训练过程中学到的参数来解释这些词元并生成相应的输出。这些经过训练的人工智能模型需要使用大量的计算能力，并且必须部署在靠近最终用户的地方（在边缘数据中心），以最小化响应时延（延迟），因为实时交互对于保持用户参与至关重要。

总体而言，GAI 的准确性取决于 LLM 的规模和使用的训练数据量，而这些因素由一个由半导体、网络、存储、数据库和云服务组成的强大基础设施决定。

12.2 人工智能发展前景

大模型 ChatGPT 的发布代表了人工智能行业革命的开始，此后 GPT-4 等系统的持续发展彰显着人类和 ChatGPT 所能做的事情之间的差距正在缩小。ChatGPT 并非偶然具有类似人类的特质。自 2018 年以来，OpenAI 一直专注于开发 AGI 而不仅是人工智能，LLM 仅是其开发 AGI 的开始。庞大的数据集和从人类语言中进行的深度学习赋予了 ChatGPT 以前认为在人工智能中不可能实现的直观理解、抽象分析和形成观点的能力。

有些人认为像 ChatGPT 这样的系统引发了深刻的哲学问题。智能是否可以在没有意识的情况下存在？机器背后是否有"灵魂"？这些问题每天都在越来越多地被讨论，一些科学家甚至报告说在现代人工智能聊天机器人中发现了人类智慧的火花。

另外的有争议的话题是用于训练 LLM 的数据。在数据隐私被广泛关注的时代，LLM 对数据的使用和处理将受到审查。显然，在后 AGI 时代，人类和人工智能之间存在共生关系，两者都将从彼此的优势中受益。

12.2.1 LLM 用于智能制造

OpenAI 推出的 Sora 大模型在影视界、广告界和游戏界取得极大反响，但许多人并没有想到它会与智能制造沾上边。一些智能制造专家对 Sora 进行观察与研究，看到了它与智能制造底层逻辑的相通之处，认为"黑灯工厂、自动驾驶、数字孪生中的一系列难题，有了解决的希望。"制造业为之尚存焦虑的原因是技术与应用之间仍有一些间隙需要弥合。

经过一段时间的摸索和尝试，2024 年，随着政府发展新质生产力，以及一些大型企业在

LLM 应用上的动作加快，在智能制造业，尤其是那些变化快、竞争激烈的领域，应用 LLM 创新的进程正在提速。

由于 Sora 自称要做"世界模拟器"，业界也在对比 Sora 和数字孪生的一些差异。数字孪生是真实世界数据化后的投影，而 Sora 基于模拟样本，构建虚拟和真实交错的数字世界。

由于 LLM 有不同的数据源，通过 Sora 来模拟世界具有一定的想象力和发散性。比如，在 Sora 生成的一个视频中涉及一只小蚂蚁穿越洞穴的画面，这在现实中无法拍摄。但也有网友指出，这个 Sora 生成的视频与潜在物理规律有一些偏差。

"现阶段可以理解 Sora 是数字孪生的一种手段和补充，而不是替代。Sora 可用于真实世界在虚拟世界的美化展示，以及替代人工建模与设计的生成，帮助数字孪生加速。"某制造行业研究者认为，Sora 可以用于设计阶段的效果构建，或产品的生产效果构建，但无法替代数字孪生的数据视图等功能。未来，两者可能会整合，也可能形成一个新技术合集或新突破，如混合宇宙等。Sora 的发散性让它有了新的应用空间。例如，一些高端汽车客户的需求越来越个性化，利用 Sora 可以根据客户的描述，马上生成一个视频并将其推送给他，然后根据具体需求完善设计。

▶▶▶ 12.2.2　预测人类行为的新模型

麻省理工学院等的研究人员开发了一个框架，该框架根据人类或人工智能代理的计算约束条件，对其非理性或次优行为进行建模。该框架有助于预测代理的未来行为，例如国际象棋比赛。

要建立能与人类有效协作的人工智能系统，首先要有一个良好的人类行为模型。但是，人类在做出决策时往往会有一些次优行为，导致这种行为的原因之一是人类不可能花太多的时间去思考一个问题的理想解决方案。这种非理性的情况尤其难以建模，通常被归结为计算上的限制。目前，为预测人类行为进行建模的途径有以下几种。

（1）开发新的建模方法。研究人员开发了一种为代理（无论是人类还是机器）的行为建模的方法，这种方法考虑到了可能妨碍代理解决问题能力的未知计算限制。该模型只需看到代理之前的一些行为痕迹，就能自动推断出代理的计算限制。其结果（即一个代理的所谓"推理预算"）可用于预测该代理的未来行为。

（2）实际应用和模型验证。研究人员展示了他们的方法如何用于从先前的路线推断某人的导航目标，以及预测棋手在国际象棋比赛中的后续行动。他们的方法在表现上与另一种用于此类决策建模的流行方法不相上下，甚至更胜一筹。

最终，该方法可以帮助科学家将人类的行为方式教给人工智能系统，从而使这些系统能够更好地回应人类合作者。这一方法的主要研究人员阿图尔·保罗·雅各布认为，能够理解人类的行为，然后从这种行为推断出他们的目标，会让人工智能助手变得更有用。"如果我们知道人类即将犯错，看到他们以前的行为方式，人工智能代理可以介入并提供更好的方法。或者，人工智能代理可以适应人类合作者的弱点。"他说："能够为人类行为建模，是建立一个能够真正帮助人类的人工智能代理的重要一步。"

（3）行为建模。几十年来，研究人员一直在建立人类行为的计算模型。许多先前的方法都试图通过在模型中加入噪声来解释次优决策。模型可能会让代理人在 95% 的情况下做出正确的选择，而不是让代理人总是选择正确的选项。

然而，这些方法可能无法捕捉到这样一个事实，即人类并不总是以同样的方式做出次优行为的。麻省理工学院的其他人还研究了在决策不理想的情况下制定计划和推断目标的更有效方法。

为了建立他们的模型，研究人员从之前对国际象棋选手的研究中汲取灵感。他们注意到，棋手在走简单的棋步时，在行动前花费的思考时间较少，而在具有挑战性的比赛中，实力较强的棋手往往比实力较弱的棋手花费更多的时间进行规划。雅各布说："最后我们发现，规划的深度，或者说一个人思考问题的时间长短，可以很好地代表人类的行为方式。"

他们建立了一个框架，可以从先前的行动中推断出代理的规划深度，并利用该信息来模拟代理的决策过程。首先，在一定时间内运行算法，以解决所研究的问题。例如，如果研究的是一场国际象棋比赛，他们可能会让下棋算法运行一定步数。最后，研究人员可以看到算法在每一步做出的决策。他们的模型会将这些决策与解决相同问题的代理行为进行比较，使代理的决策与算法的决策保持一致，并确定代理停止规划的步骤。

由此，模型可以确定代理的推理预算，或该代理将为某一问题计划多长时间。它可以利用推理预算来预测该代理在解决类似问题时会如何反应。

（4）可解释的解决方案。这种方法非常高效，因为研究人员无须做任何额外工作，就能获取解决问题的算法所做的全部决策。该方法也可应用于任何可以用某一类算法解决的问题上。

"最令我震惊的是，这种推理预算是非常容易解释的。它是说，解决更难的问题需要做更多的规划，或者说，成为一名强者意味着需要更长时间的规划。"雅各布说："我们刚开始着手做这件事的时候，并没有想到我们的算法能够自然而然地发现这些行为。"

研究人员在3个不同的建模任务中测试了他们的方法：从先前的路线推断导航目标、从某人的语言暗示猜测其交流意图，以及预测人与人国际象棋比赛中的后续棋步。在每次实验中，他们的方法要么在表现上与流行的替代方法相匹配，要么优于后者。此外，研究人员还发现，他们的人类行为模型的预测结果与（国际象棋比赛中的）棋手技能和任务难度的测量结果非常吻合。

展望未来，研究人员希望利用这种方法为其他领域的规划过程建模，例如强化学习（机器人技术中常用的一种试错方法）。从长远来看，他们打算在这项工作的基础上继续努力，以实现开发更有效的人工智能合作者这一更远大的目标。

12.3 AGI 涌现

2023年是AGI从诞生到蔓延生长的一年。在这一年里，人们见证了人工智能"大厂"在LLM产品和研究方面的持续进步，针对文字、图片、音频、代码等模态都有相关产品密集发布，并在机器人和医疗方向获得了突破性的研究成果，其在LLM+机器人方面的研究值得长期关注。

根据网络档案截图，在OpenAI企业的招聘页面上，此前列出的员工6项核心价值观，分别是大胆、深思熟虑、朴实无华、影响驱动、协作和增长导向。而目前，同一页面列出的是5项核心价值观，其中第一项就是"聚焦AGI"，且补充说明称："任何对此无益的事物都不在考虑范围之内"。其他4项分别是"紧张和拼搏""规模""创造人们喜爱的东西""团队精神"。

OpenAI的富有远见的首席执行官萨姆·奥尔特曼在一次采访中分享了他对人工智能发展轨迹的看法。他表示："未来的人工智能模型可能需要较少的训练数据，而更多地专注于它们的推理能力。"这不仅暗示着技术的转变，而且预示着一个新时代的来临，在这个时代，人工智能的思维过程可能会反映人类的逻辑和直觉。能够达到这种能力——具有人的适应性和常识的人工智能——就是AGI。萨姆·奥尔特曼将其定义为"能够跨多个领域进行泛化，相当于人类工作的系统。"实现这种状态已成为OpenAI的首要任务，以至于它甚至修改了其愿景和道德原则以适应这种新的努力方向。

▶▶▶ 12.3.1　AGI 的定义

有别于"专用（特定领域）人工智能"，AGI 是指一种能够像人类一样思考、学习和执行多种任务的人工智能系统，它具有高效的学习和泛化能力，能够根据所处的复杂动态环境自主产生并完成任务，它具备自主感知、认知、决策、学习、执行和社会协作等能力，且符合人类情感、伦理与道德观念。

开发 ChatGPT 的 OpenAI 公司的官网上是这样写的："OpenAI 的使命是确保 AGI，即一种高度自主且在大多数具有经济价值的工作上超越人类的系统，将为全人类带来福祉。我们不仅希望直接建造出安全的、符合共同利益的 AGI，而且愿意帮助其他研究机构共同建造出这样的 AGI 以达成我们的使命。"

目前，大多数人工智能系统，例如语音识别、图像识别、NLP、推荐系统等，是针对特定任务或领域进行优化的，这是将问题简化以进行解决的一种方法。这些系统在其特定领域中可能表现得很出色，但它们缺乏通用性和灵活性，不能适应各种不同的任务和环境。与专注于解决特定问题或领域不同，AGI 的目标是创建一个全面智能的系统，可以解决广泛的问题并完成多种任务。这种系统能够在不同的环境中适应和学习，并且可以从不同的来源中获取信息，像人类一样进行推理和决策。

▶▶▶ 12.3.2　LLM 与 AGI

虽然 LLM 已经取得了一些惊人的进展，但它还不符合 AGI 的要求，主要原因如下。

（1）LLM 在处理任务方面能力有限。它一般只能处理文本领域的任务，无法与物理和社会环境进行互动。这意味着像 ChatGPT 这样的模型不能真正"理解"语言的含义，它们缺少"身体"而无法体验物理空间。只有将智能体放置于真实的物理世界和人类社会中，它们才能切实了解并习得真实世界中事物之间的物理关系和不同智能体之间的社会关系，从而做到"知行合一"。

（2）LLM 不具备自主能力。它需要人类来具体定义好每一个任务，只能模仿被训练过的话语。

（3）虽然 LLM 应用实例 ChatGPT 已经在不同的文本数据语料库上进行了大规模训练，且这些文本数据中包括隐含人类价值观的文本，但它并不具备理解人类价值或与其保持一致的能力，即缺乏所谓的道德指南针。

加利福尼亚大学伯克利分校的教授斯图尔特·罗素表示，关于 ChatGPT，更多数据和更多算力不能带来真正的智能。要构建真正智能的系统，应当更加关注数理逻辑和知识推理，因为只有将系统建立在我们了解的方法之上，才能确保人工智能不会失控。扩大规模不是答案，更多数据和更多算力不能解决问题，这种想法过于乐观，在智力上也并不有趣。

图灵奖得主杨立昆认为：语言只承载了所有人类知识的一小部分，大部分人类具有的知识都是非语言的，因此，LLM 无法接近人类智能水平。深刻的非语言理解是语言有意义的必要条件。正是因为人类对世界有深刻的理解，所以我们可以很快理解别人在说什么。这种更广泛、对上下文敏感的知识是一种更基础、更古老的知识，它是生物感知能力出现的基础，让生存和繁荣成为可能。这也是人工智能研究者在寻找人工智能中的常识时需要关注的更重要的任务。LLM 的知识更多以单词开始和结束而非身体感知，这种知识总是肤浅的。人类处理各种 LLM 的丰富经验清楚地表明，仅从言语中可以获得的东西非常少。

技术发展趋势不可逆。人类可以为超级人工智能预先设计一颗善良的心，而这无疑离不开各国在立法层面达成的共识，以及在规范人工智能方面所做出的努力。

▶▶▶ 12.3.3　AGI 的关键特性

"AGI" 这个词最早可以追溯到 2003 年瑞典哲学家尼克·博斯特罗姆发表的论文《先进人工智能的伦理问题》。在该论文中，博斯特罗姆讨论了超级智能的道德问题，并在其中引入了"AGI" 这一概念，用于描述一种能够像人类一样思考、学习和执行多种任务的人工智能系统。超级智能被定义为在几乎所有感兴趣的领域中都大大超过人类认知表现的智能。这个定义允许增强的黑猩猩或海豚成为超级智能，也允许非生物超级智能成为可能。

因此，AGI 可以被视为一种更高级别的人工智能，是当前人工智能技术发展的一个重要方向和目标。但由于其在技术和理论方面的挑战，它仍然是一个较为遥远的目标。

AGI 的一些关键特性如下。

（1）广泛的任务适应性：AGI 能够理解和解决任何类型的问题，从简单的计算任务到复杂的科学探索，甚至包括创造性和情感性的任务。

（2）自主学习与优化：AGI 能够通过自主学习不断优化自己的算法和知识库，无须人类进行明确编程。

（3）跨领域推理：AGI 能够在不同领域之间进行有效的信息整合与推理，形成全面的理解和决策。

（4）情境理解与适应：AGI 理解情境并根据情境调整行为，具备高度的环境适应性和应变能力。

（5）情感与伦理：AGI 可能具备理解、表达甚至体验情感的能力，以及基于伦理道德做出判断和决策的能力。

从 GAI 迈向 AGI

12.4　从 GAI 迈向 AGI

从 GAI 迈向 AGI 的关键步骤主要如下。

（1）增强泛化能力：虽然 GAI 在特定任务上表现出色，但要达到 AGI，需要进一步增强模型的泛化能力，使其在未经训练的领域中也能有效运作。

（2）跨领域推理：AGI 要求人工智能能够跨越不同的领域进行推理，这需要 GAI 不仅要能生成内容，还要能理解其背后的逻辑和概念。

（3）情感与意识：发展能够理解、模拟乃至体验情感的模型是 AGI 追求的一个高级目标，也是 GAI 向更深层次智能演进的关键一步。

（4）符合伦理与自我约束：AGI 需要具备道德判断力和自我约束机制，确保其行为符合人类伦理和社会规范，这是当前 GAI 所不具备的。

（5）持续学习与优化：AGI 应该能够像人类一样持续学习，不断优化自身，而非仅依赖于预设的算法和数据集。

未来，AGI 会从以下几个方面来展现其发展趋势。

（1）基础研究突破：在认知科学、神经科学和计算机科学等领域的交叉研究中，寻找灵感和理论依据，以支撑更高级别的智能模型。

（2）技术的融合与突破：GAI 与其他人工智能技术（如强化学习、符号人工智能技术）的深度融合，可能为通往 AGI 开辟新途径。实现 AGI 需要在算法、计算能力、数据处理和硬件设计等方面取得重大突破，包括更高效的机器学习算法、量子计算等技术的应用。

（3）伦理准则与法律框架：随着 AGI 的不断发展，建立相应的伦理准则和法律框架以确保安全、公平、无偏见的应用变得愈发紧迫。AGI 将深刻影响社会经济，改变工作市场、教育体系、医疗保健、娱乐产业等众多领域，带来生产力的飞跃和社会结构的重塑。

AGI 可能与人类形成更深层次的合作关系，共同解决问题，提升人类生活质量，但也可能引发失业、技能过时等社会问题。随着 AGI 智能水平的提升，可能会引发人类关于意识、自我意识、机器权利（身份）以及人机关系的哲学探讨。

（4）安全与监管：确保 AGI 的安全性，防止恶意使用，将是未来研究的重要方向。这需要全球合作，建立有效的监管和治理体系。

总之，AGI 的未来充满无限可能和挑战。它既是科技进步的重要节点，也承载着人类对于更美好生活的憧憬，同时伴随着人类对未知后果的担忧。实现 AGI 的道路漫长且充满不确定性，但无疑，这一领域的发展将深刻影响人类社会的未来走向。

【作业】

1．AGI 是一种理论上的（　　），它能够执行任何智力任务，具备广泛的理解、学习、推理、适应、创新和自我意识等能力，其能力的广度和深度可与人类智能的相媲美。

A．智能形态　　　　B．开发工具　　　　C．科学理论　　　　D．工作模型

2．分析 GAI 技术的价值链，考虑将其分为（　　）和基础设施层等 4 个相互关联的层，它们共同创造新内容，其中每一层在整个过程中都发挥着独特作用。

① 应用层　　② 平台层　　③ 虚拟层　　④ 模型层

A．②③④　　　　B．①②③　　　　C．①②④　　　　D．①③④

3．GAI 的应用层通过允许动态创建内容来使用专门的算法实现简化人类与人工智能的交互的目的，它由（　　）3 个不同子组组成。

① 核心应用程序　　　　② 通用应用程序

③ 特定领域应用程序　　④ 集成应用程序

A．①②③　　　　B．②③④　　　　C．①②④　　　　D．①③④

4．GAI 的平台层主要致力于通过（　　）提供对 LLM 的访问，它简化了通用预训练基础模型的微调和定制过程。通过微调可以显著提升 LLM 在特定内容领域的能力。

A．服务转移　　　　B．抽象简化　　　　C．程序设计　　　　D．托管服务

5．GAI 的模型层用于启动（　　），它通常使用 Transformer 算法对未标记数据进行训练。训练和微调过程使其能够发展成为一种多功能工具，可以适应各种任务，以支持各种 GAI 应用程序的功能。

A．基础模型　　　　B．功能函数　　　　C．逻辑模型　　　　D．托管服务

6．GAI 的基础设施层涉及的关键资源是半导体、（　　）和云服务，所有这些资源在 GAI 模型的初始训练和持续的微调、定制和推理中发挥着至关重要的作用。

① 网络　　② 组件　　③ 存储　　④ 数据库

A．②③④　　　　B．①②③　　　　C．①③④　　　　D．①②④

7．人工智能生成内容的出现，打开了一个全新的创作世界，为人们提供了无数的可能性。从（　　），展现了内容创作方式的巨大变革和进步。

① AIGC　② UGC　③ AGC　④ PGC

  A．②③④　　　　　B．②④①　　　　　C．①②③　　　　　D．①②④

8．智能数字（　　）主要分为内容的增强与转译。增强即对数字内容进行修复、去噪、细节增强等，转译即对数字内容进行转换（如翻译等）。该技术旨在更好地完成现实世界到数字世界的映射。

  A．内容编辑　　　B．内容生成　　　C．自动编译　　　D．内容孪生

9．智能数字（　　）是通过对内容的理解以及属性控制，实现对内容的修改的。例如，在计算机视觉领域，通过对视频内容的理解实现不同场景视频片段的剪辑。

  A．内容编辑　　　B．内容生成　　　C．自动编译　　　D．内容孪生

10．智能数字（　　）是从海量数据中学习抽象概念，并通过概念的组合生成全新的内容。采用此方式，人工智能在文本创作、音乐创作和诗词创作中取得了不错的表现。

  A．内容编辑　　　B．内容生成　　　C．自动编译　　　D．内容孪生

11．自 2018 年以来，OpenAI 一直专注于开发 AGI 而不仅是人工智能。庞大的数据集和从人类语言中进行的深度学习赋予了 ChatGPT 以前认为在人工智能中不可能实现的（　　）的能力。

① 直观理解　② 模拟再现　③ 抽象分析　④ 形成观点

  A．①③④　　　　　B．①②④　　　　　C．①②③　　　　　D．②③④

12．一些智能制造专家对 Sora 大模型进行观察与研究，看到了它与智能制造底层逻辑的相通之处，认为"（　　）中的一系列难题，有了解决的希望。"

① 黑灯工厂　② 自动驾驶　③ 工业互联　④ 数字孪生

  A．②③④　　　　　B．①②③　　　　　C．①②④　　　　　D．①③④

13．麻省理工学院等的研究人员开发了一个框架，该框架根据人类或人工智能代理的计算约束条件，对其非理性或次优行为进行建模，其中的主要技术包括（　　），最终得到可解释的解决方案。

① 开发新的建模方法　② 实际应用和模型验证

③ 行为建模　　　　　④ 数据建模

  A．②③④　　　　　B．①②③　　　　　C．①②④　　　　　D．①③④

14．OpenAI 企业员工的 5 项新的核心价值观分别是（　　）"创造人们喜爱的东西""团队精神"。

① "朴实无华"　② "聚焦 AGI"　③ "紧张和拼搏"　④ "规模"

  A．①②③　　　　　B．②③④　　　　　C．①②④　　　　　D．①③④

15．OpenAI 的首席执行官萨姆·奥尔特曼在一次采访中分享了他对人工智能发展轨迹的看法，他表示："未来的人工智能模型可能需要较少的训练数据，而更多地专注于它们的（　　）。"

  A．运算时间　　　B．参数数量　　　C．计算水平　　　D．推理能力

16．AGI 是指一种能够像人类一样思考、学习和执行多种任务的人工智能系统，它具备自主感知、认知、决策等能力，且符合人类（　　）观念。

① 形态　② 情感　③ 伦理　④ 道德

  A．①③④　　　　　B．①②④　　　　　C．①②③　　　　　D．②③④

17．开发 ChatGPT 的 OpenAI 公司针对 AGI 是这样定义的：它是"一种高度自主且在大多数具有经济价值的工作上（　　）的系统，将为全人类带来福祉。"

  A．超越人类　　　B．模仿动物　　　C．辅助人类　　　D．全新构造

18. LLM 是一种基于深度神经网络学习技术的大型算法模型，虽然它已经取得了惊人的进展，但它还不符合 AGI 的要求，主要原因是（　　　）。

① LLM 在处理任务方面能力有限

② LLM 不具备自主能力

③ 它无法承担多模态生成任务

④ 虽然已经进行了大规模训练，但它仍缺乏所谓的道德指南针

    A．②③④   B．①②③   C．①③④   D．①②④

19. 深刻的（　　　）是语言有意义的必要条件，这也是人工智能研究者在寻找人工智能中的常识时需要关注的更重要的任务。

    A．非语言理解   B．知识更新   C．语言模型   D．语料库发展

20. AGI 可以被视为一种更高级别的人工智能，是当前人工智能技术发展的一个重要方向和目标。如今，它仍然是一个较为（　　　）的目标。

    A．孤立   B．遥远   C．现实   D．具体

【课程学习与实践总结】

1. 课程的基本内容

至此，我们顺利完成了本课程的全部教学任务。为巩固通过课程学习和实践活动所了解和掌握的知识和技术，请对它们进行系统的总结。由于篇幅有限，如果书中预留的空白不够，请另附纸张并将其粘贴在相应位置。

（1）请填写本学期完成的本课程的主要学习内容（请根据实际完成的情况填写）。

第 1 章的主要内容是：_____

_____

_____

第 2 章的主要内容是：_____

_____

_____

第 3 章的主要内容是：_____

_____

_____

第 4 章的主要内容是：_____

_____

_____

第 5 章的主要内容是：_____

_____

_____

第 6 章的主要内容是：_____

_____

_____

第 7 章的主要内容是：_____

_____

_____

第 8 章的主要内容是：_____

_____

_____

第 9 章的主要内容是：_____

_____

_____

第 10 章的主要内容是：_____

_____

_____

_____

第 11 章的主要内容是：_____

_____

_____

第 12 章的主要内容是：_____

_____

_____

_____

（2）请回顾并简述：通过学习，你初步了解了哪些有关人工智能和 AIGC 的重要概念（至少 3 项）。

① 名称：_____

简述：_____

_____

② 名称：_____

简述：_____

_____

③ 名称：_____

简述：_____

_____

2. 对课程的基本评价

（1）在全部实践活动中，让你印象深刻，或者相比较而言你认为非常有价值的是：

① _____

你的理由是：_____

_____

② _____

你的理由是：_____

_____

（2）在实践活动中，你认为应该得到加强的是：

① _____

你的理由是：_____

_____

② _____

你的理由是：_____

_____

（3）对于本课程和本书的学习内容，你的改进意见和建议是：

_____

_____

_____

_____

3. 课程学习能力测评

请根据你在本课程中的学习情况，客观地在人工智能与 AIGC 知识方面对自己进行能力测评，在表 12-1 的"测评结果"栏中合适的项下打"✓"。

表 12-1 课程学习能力测评

关键能力	评价指标	测评结果					备注
		很好	较好	一般	勉强	较差	
了解课程基础内容	1. 了解本课程概况、知识体系和理论基础						
	2. 熟悉大数据技术的基本概念						
	3. 熟悉 AI 相关基础知识						
	4. 熟悉强 AI 和弱 AI 相关定义						
	5. 熟悉 AI、LLM、GAI、AIGC、AGI 各概念的相关关系						
熟悉课程专业基础	6. 熟悉 LLM 的定义及其对 AIGC 的作用						
	7. 了解 LLM 的幻觉						
	8. 熟悉 AIGC 的基本定义						
	9. 熟悉智能体及其与 AIGC 的关系						
	10. 熟悉提示工程与技巧						
熟悉 AIGC 技术应用	11. 熟悉 AIGC 赋能工作						
	12. 熟悉 AIGC 助力学习						
	13. 熟悉 AIGC 拓展设计						
	14. 熟悉 AIGC 丰富生活						
	15. 熟悉 AIGC 成就艺术						

续表

关键能力	评价指标	测评结果					备注
		很好	较好	一般	勉强	较差	
了解人工智能的安全与发展	16. 熟悉 AIGC 伦理与限制				·		
	17. 熟悉 AGI 的发展趋势与方向						
	18. 了解 AI 发展前景						
解决问题与创新	19. 掌握在线提高专业能力、丰富专业知识的学习方法						
	20. 能根据现有的知识与技能创新地提出有价值的观点						

说明："很好"对应 5 分，"较好"对应 4 分，以此类推。全表满分为 100 分，你的测评总分为：＿＿＿＿＿＿＿分。

4. AIGC 学习与实践总结

_____

_____

_____

_____

_____

_____

5. 教师对课程学习总结的评价

_____

_____

_____

课程教学进度表

（20　—20　学年第　　学期）

课程号：＿＿＿＿＿＿＿　课程名称：＿＿＿＿＿＿　学分：＿＿＿＿＿＿　周学时：＿＿＿＿＿

总学时：＿＿＿＿＿＿＿（实践学时：＿＿＿＿＿）　主讲教师：＿＿＿＿＿＿＿＿＿＿

序号	校历周次	章（或实验、习题课等）名称与内容	学时	教学方法	课后作业布置
1	1	第 1 章 人工智能基础	2	课堂教学	
2	2	第 1 章 人工智能基础	2		作业与实践
3	3	第 2 章 什么是 LLM	2		作业与实践
4	4	第 3 章 熟悉 AIGC	2		
5	5	第 3 章 熟悉 AIGC	2		作业与实践
6	6	第 4 章 AIGC 与智能体	2		
7	7	第 4 章 AIGC 与智能体	2		作业与实践
8	8	第 5 章 提示工程与技巧	2		作业与实践
9	9	第 6 章 AIGC 赋能工作	2		作业与实践
10	10	第 7 章 AIGC 助力学习	2		作业与实践
11	11	第 8 章 AIGC 拓展设计	2		作业与实践
12	12	第 9 章 AIGC 丰富生活	2		作业与实践
13	13	第 10 章 AIGC 增色艺术	2		作业与实践
14	14	第 11 章 AIGC 伦理与限制	2		作业与实践
15	15	第 12 章 面向 AGI	2		
16	16	第 12 章 面向 AGI	2		作业、课程学习与实践总结

填表人（签字）：　　　　　　　　　　　　　日期：

系（教研室）主任（签字）：　　　　　　　　日期：

参考文献

[1] 杨武剑，史麒豪，左浩，等．大数据通识教程：数字文明与数字治理[M]．北京：人民邮电出版社，2024.

[2] 杨青．大语言模型[M]．北京：电子工业出版社，2024.

[3] 周苏，杨武剑．人工智能通识教程[M]．2版．北京：清华大学出版社，2024.

[4] 王贵，杨武剑，周苏．大数据分析与实践：社会研究与数字治理[M]．北京：机械工业出版社，2024.

[5] 周苏．大数据导论[M]．2版．北京：清华大学出版社，2022.

[6] 杜辉，葛鹏，赵瑞丰．机器学习技术与应用[M]．北京：中国铁道出版社，2023.

[7] 罗怡沁，杨爱喜．工业机器人技术与应用[M]．北京：化学工业出版社，2024.

[8] 周斌斌，周苏．智能机器人技术与应用[M]．北京：中国铁道出版社，2022.

[9] 孟广斐，周苏．智能制造技术与应用[M]．北京：中国铁道出版社，2022.

[10] 周苏，杨松贵．创新思维与TRIZ创新方法：创新工程师版[M]．北京：清华大学出版社，2023.